本书由中国科学院发展规划局战略研究专项资助，中国科学院自然科学史研究所"十三五"科技知识的创造与传播项目（第二期）重大突破项目"丝绸之路上科技知识的传播"（编号 Y621011010）、中国科学院自然科学史研究所"十三五"重点培育方向项目"文化遗产的科技认知研究"（编号 Y621082001）资助出版。

沧海云帆

——明代海洋事业专题研究

陈晓珊 著

社会科学文献出版社
SOCIAL SCIENCES ACADEMIC PRESS (CHINA)

前　言

　　明代海洋事业常引人关注，如郑和下西洋、御倭海战、海禁政策等都是其中的著名事件和重要内容。海洋事业的发展与航海造船技术水平密切相关，但又不全由后者决定。作为一系列内容丰富的技术和产业，航海造船技术的发展常受政府部门管理的影响，而国家政策的鼓励或制约也会导致相关技术的飞跃或衰退。在明朝这个中央集权制高度发展的时代里，航海造船技术的起伏与政策变动情况密切相关。在明初洪武年间，朝廷可以每年调集数万军队和数千条运船，在长达 30 年的时间里，连续从事由江南太仓到辽东的长途海运，并直接保证了明朝将士在辽东边疆的顺利管理与驻防。在永乐、宣德年间，政府可以组织起庞大的郑和船队，七次远赴西太平洋和印度洋，促成中国实用航海技术的巨大进步与普及。这些辉煌的成就建立在当时国家政策的全力支持基础上，也成为中国传统社会中海洋事业的巅峰时期。

然而在明朝中后期，由于海洋相关政策的调整，国家航海事业明显衰退，一些沿海区域的发展也受到很大打击。尤其是在明末辽东战场上，因长期海禁政策导致航海造船技术衰退，一度使辽东前线后勤补给遇到阻碍，给战事带来了深远的影响。航海秩序的扰乱不仅导致技术的衰退，还使以海洋为生的人们生计凋零。在一系列不当政策的长期作用下，最终导致因航海而联为一体的辽东、山东两地人群矛盾爆发，不仅影响了海上形势，还使明末西洋火器技术的应用受到重创，与其相关的孙元化、王徵等长于科技的官员也因此改变了命运。

所有这些令人遗憾的事件都不是由技术本身造成的，而是因管理不当导致的一系列后患。但在这些动力和阻力交相出现的年代里，中国航海造船技术依然以其特有的轨迹发展，并展现出强大的生命力和与外界交流的特征。

海洋看似阻碍了人们前行的脚步，但航船却又架起新的沟通桥梁。中国拥有悠久而强大的航海造船文明，从上古时代开始，东部沿海地带的人们就驾驶着独木舟、木筏和由此衍生的各种航船，在太平洋的风波与海岛中往来交流。由于文献资料的限制，许多远渡重洋的成就不会出现在主流史籍的记载中，但从各种考古材料和社会调查中可以看到，出海的先人们很可能远比后人想象中走得更远、交流更广。在许多船材的造型与组合方式里，从水手们驾驶航船的手法中，可能看到来自太平洋或印度洋，甚至是地中海与大西洋的技术传统，而这些线索也会使今天的人们想象出当年的航海者们是如何越过风浪，建立起一条条通向远方的航路，并在异国的海港与航船上交流着来自各种古老文明的信息。

人们从陆地来到海洋，也把内陆技术带到了海船上。战车上的防御设施可以直接转化成战船的装甲，攻城时的瞭望塔也可以移植到桅杆顶处。人们观察着飞鸟的翅膀，将它的羽翼借用到海船的平衡装置中，航线所及之处，相隔千万里的海船可以使用同样的技术，不同国家和地区的水手可以用相近的方式造船。人们将对航行风险的预估与造船时的祈愿融为一体，并在长期的广泛交流中，悄然改变着自己的技术习惯。

在近海地带，人们的生活与海洋息息相关，海船所能到达的最远之处，直接关系到城市与聚落的选址，而船型与运输量的承载极限，也很可能决定着战场与要塞的边缘。行政区的规划与管理，民众生活方式的调整，种植业与畜牧业的发展，内河航行情况的变迁，都可能成为海洋事业的外延问题。在传统史籍中，它们很可能为航海造船技术的应用提供另一种视角下的记载。

这些故事的历程不仅限于一时一地，所有航海造船技术的创造与发展，国家相关政策的制定与实施，都建立在一定的历史传统和地域条件下，并展现着鲜明的时空特征。以上介绍的案例将出现在本书中，这里会选取明代海洋事业中的若干片段，加以具体分析研究，以展现出在郑和下西洋等宏大事件之外，与海洋活动密切相关的另一些片段，并在这些微观视角下，对明代航海造船事业的整体发展形成更加全面的认识。

目 录
CONTENTS

上篇　海船制造与航海技术

下篇　登辽海运与明代辽东

上篇

海船制造与航海技术

海帆
沧云

明代海船上的"遮洋"等防护设施

从元代到明洪武、永乐时期，为了向北方的大都和辽东等地供应粮食，朝廷常从江南太仓向北方长途海运漕粮，年运输量在数十万石到数百万石不等。在明代文献中，元明时期的海运事业常与一种名为"遮洋船"的运粮海船联系在一起[①]，后来明代海运一度被称为"遮洋海运"[②]。关于遮洋船的船型，《水运技术词典》中根据《天工开物》和《漕船志》的记载，认为它"容载一千石，船体扁浅，平底平头，全长八丈二尺，宽一丈五尺，深四尺八寸，共十

---

① 元代及明初海运船的船型组成情况较为复杂，关于遮洋船的初始使用时间，可参考封越健《明代漕船考》中的相关内容（王春瑜主编《明史论丛》，中国社会科学出版社，1997，第191页）。

② 相关史事可参考王尊旺《明代"遮洋总"考》（陈支平、万明主编《明朝在中国史上的地位》，天津古籍出版社，2011，第342～357页）与《明代遮洋总的沿革与运输路线》[《厦门大学学报》（哲学社会科学版）2009年第5期，第52～59页]，以及陈晓珊《从遮洋总的变迁看明代国家海洋事业中的人地关系错位现象》（《历史地理》第29辑，2014，第283～293页）。

六舱。其长宽比5.4弱，宽深比3.1强。设双桅，四橹，十二篙，铁锚二。舵杆用铁力木，有吊舵绳，使舵可升降"①。《天工开物》中记载：

> 凡海舟，元朝与国初运米者曰遮洋浅船，次者曰钻风船（即海鳅）……凡遮洋运船制，视漕船长一丈六尺，阔二尺五寸，器具皆同，唯舵杆必用铁力木，舱灰用鱼油和桐油，不知何义②。

这里所说的"遮洋浅船"可能是遮洋船之一种，前者用于内河漕运，后者用于海上漕运，如《明会典》中记载："粮船有二，曰遮洋、曰浅船……海运用遮洋船，里河用浅船"③。曾撰写《西洋朝贡典录》的明代学者黄省曾，其先祖曾经参与洪武时期的辽东海运，按照其记载，当时从太仓出发的运粮队伍，是以"遮洋船出刘家港"，直达辽阳④。海船的命名方式，有的以地域命名，如明代的福船、广船，因分别出于福建和广东而得名；有的以形制或航行特点命名，如唐宋时期形似海东青的海鹘船，以及适于在苏北浅沙地带航行的防沙平底船等，均属此类。那么遮洋船又是因何而得名呢？

---

① 《水运技术词典》编辑委员会《水运技术词典（试用本）·古代水运与木帆船分册》，人民交通出版社，1980，第26页。

② 宋应星著，钟广言注释《天工开物》舟车第9卷《海舟》，广东人民出版社，1976，第247~248页。

③ 申时行等修，赵用贤等纂《大明会典》卷200《工部二十·粮船》，《续修四库全书》，上海古籍出版社，1996，史部第792册第382页。

④ 黄省曾：《五岳山人集》卷38，南京图书馆藏明嘉靖刻本，《四库全书存目丛书》，齐鲁书社，1997，集部第94册第843页。

《水浒传》中描述水战时,曾多次提及战船上的"遮洋",例如对大型海鳅船的记载:

> 最大者名为大海鳅船,两边置二十四部水车,船中可容数百人。每车用十二个人踏动,外用竹笆遮护,可避箭矢……其第二等船,名为小海鳅船,两边只用十二部水车,船中可容百十人。前面后尾,都钉长钉,两边也立弩楼,仍设遮洋笆片①。

这里的海鳅船明显比《天工开物》中的海鳅船(或称钻风船)体型更大。在描述具体战斗细节时,《水浒传》中还有"青布织成皂盖,紫竹制作遮洋",以及作战时船上"舰航遮洋尽倒,柁橹艨艟皆休"②一类描述。虽然《水浒传》是小说,但其中的细节应当也会反映一些当时社会生活中常用技术的状态。北宋《武经总要》在介绍陆战守城器具时,有多种用牛皮、竹片制成的防护设备,例如其中的"皮竹笆",即"以生牛皮条,编江竹为之,高八尺,阔六尺,施于白露屋,两边以木马倚定,开箭窗可以射外"③。古代船上的战斗和防御设施常来自内陆战具,此类设施应当就是战船上防御设备的陆上原型。元明时期的人们会用竹子制成具有一定高度的遮挡物,如《天工开物》中在记载遮洋船后,也有较为简易的"闽广

---

① 施耐庵著《水浒传》第80回《张顺凿漏海鳅船 宋江三败高太尉》,人民文学出版社,1997,第1031页。

② 施耐庵著《水浒传》第79回《刘唐放火烧战船,宋江两败高太尉》,第1023页;第80回《张顺凿漏海鳅船 宋江三败高太尉》,第1037页。

③ 曾公亮、丁度等:《武经总要》卷12《皮竹笆》,明万历二十七年金陵富春堂刻本,第10页b。

洋船，截竹两破排栅，树于两傍以抵浪"① 一类设施。抵浪防水功能可能是人们对这种竹栅最初作用的认识，"遮洋"一词可能也是由此而来，如明末史可法也曾提及"发皮团牌二千面，为守城及船上选锋遮洋之用"②。

嘉靖年间官员陈侃出使琉球，提到"海中风涛甚巨，高则冲，低则避也。故前后舱外犹护以遮波板，板高四尺许，虽不雅于观美，而实可以济险"③，这里的"遮波板"可能也是类似设施的一种名称。海上多风浪颠簸，这种设施可以起到防止人员和物品落水的作用。与陈侃一起出使的副使高澄记载海上险情时称"大桅箍折，遮波板崩"④，后来出使琉球的官员萧崇业、谢杰记载"夜半飓风作，遮波板架及箍所不到处，尽飘荡无遗，唯船身及艎底屹然不动"⑤。这与《水浒传》中记载的船上遮洋笆片在战斗中倒伏的状态类似，可见这类设施与船体连接相对不太紧密，因此在强度较大的风浪和作战中会与船身脱离。后来清代《浙江海运全案》中有一幅《沙船停泊图》，其中绘出船侧有"遮阳"如围墙状，这应当就是类似装置的形象。

---

① 宋应星著，钟广言注释《天工开物》"舟车"第9卷《海舟》，第247~248页。
② 史可法：《请颁敕印给军需疏》，张纯修编辑，罗振常校补《史可法集》卷1《奏疏上》，上海古籍出版社，1984，第18页。
③ 陈侃：《使琉球录》，黄润华、薛英编《国家图书馆藏琉球资料汇编（上）》，北京图书馆出版社，2000，第21~22页。
④ 高澄：《临水夫人记》，萧崇业、谢杰：《使琉球录》，《续修四库全书》编纂委员会编《续修四库全书》，上海古籍出版社，1996，第742册第572页。
⑤ 萧崇业、谢杰：《使琉球录》，《续修四库全书》编纂委员会编《续修四库全书》，第742册第565页。

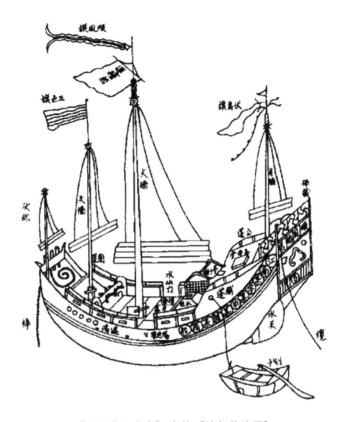

《浙江海运全案》中的《沙船停泊图》

资料来源：王冠倬：《中国古船图谱》，生活·读书·新知三联书店，2000，第201页。

在明代《兵录》关于沙船的记载中，对沙船上的“遮阳”设备有如下介绍：

> 遮阳自抛猫梁起，至稍板后稍止，周围俱要做满，其遮阳柱要高，遮阳四围俱要一尺阔，钉板挂在遮阳上口之外，仍做栏干，高遮阳三尺，以挂旧网。须至五六十层，方能隔弹，仍要多备橇头板一片，以防一时损失，便于补用①。

---

① 何汝宾：《兵录》卷10，《四库禁毁书丛刊》，北京出版社，2000，子部第9册第626页。

《兵录》中的沙船图

　　《兵录》是一部军事著作，记载海船时会强调其实战功能，如书中描述福船时，称"福船舡边须用扎紧小竹把层层塞满，务要紧实。外用猫竹片，或用小木棍密障，以防铳弹"①。在明代军事文献关于福船的介绍中，经常会提及类似设施，称船周围用竖立的茅竹加固

────────────

①　何汝宾：《兵录》卷10，《四库禁毁书丛刊》，子部第9册第616页。

的护板，甚至达到了高耸如垣的效果：

> 福船高大如楼，可容百人。其底尖，其上阔，其首昂而口
> 张，其尾高耸，设柁楼三重于上，其旁皆护板，扬以茅竹，竖
> 立如垣①。

在一些明代文献中保留的福船图形里，可以看到这种竹制护板
的形态，例如在《筹海图编》的《大福船式》图中就可以看到福船
周围有一圈护板，且能看到茅竹的竹节痕迹。

《筹海图编》中的《大福船式》

---

① 胡宗宪：《筹海图编》卷13之《大福船式》，天启四年（1624）刻本，第4页a。

明代福船有多种规格，并呈现出不同的实用功能：

> 福建船有六号：一号、二号俱名福船；三号哨船；四号冬
> 船；五号鸟船；六号快船。福船势力雄大，便于冲犁。哨船、
> 冬船便于攻战追击。鸟船、快船能狎风涛，便于哨探或捞首级。
> 大小兼用，俱不可废。船制至福建备矣①。

在年代较晚的《筹海重编》中，《草撇船式》图内注明"今名
哨船，草撇船即福船之小者"；同卷《海沧船式》图中注明"今名

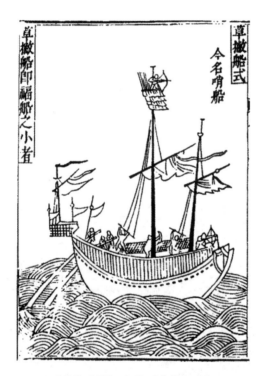

《筹海重编》中的《草撇船式》

---

① 茅元仪：《武备志》卷116，《续修四库全书》，上海古籍出版社，1996，子部第964
册第490页。

冬船，冬船与哨船同，特两旁不钉竹舷耳"。图中的四号船冬船（即海沧船）舷墙外壁光滑，完全没有竹子的存在痕迹①，可知自海沧船之下，就不再加竹制外板。

《筹海重编》中的《海沧船式》

然而在《筹海图编》的插图中，《草撇船式》与《海沧船式》两幅图片几乎完全相同，两种船都有竹舷，看不出外表有明显区别②。从《筹海图编》与《筹海重编》的差异来看，很可能是随着

① 郑若曾撰，邓钟重辑《筹海重编》卷12《草撇船式》、《海沧船式》，《四库全书存目丛书》，齐鲁书社，1996，史部第227册第221~222页。

② 胡宗宪：《筹海图编》卷13之《草撇船式》、《海沧船式》，第4页b、5页b。

《筹海图编》中的《草撇船式》

时间的推移，海沧船的形制逐渐发生了变化。

　　用茅竹做装甲防护的做法并非只在福建出现，随着抗倭战斗中各地海船的调度和交流，浙直一带也出现了类似现象。这首先体现在福船的维修工作中，曾任浙江总兵的侯继高在《造修福船略说》一文中介绍："（福船料物工价丈尺数目）附入于浙中兵制者，何耶？因浙亦用福船耳。若浙中去闽造船，此固可为彼地张本也，如浙中自为成造，必往闽中买料为佳，其价值远近虽有不同，自可酌量增益。"在所附的修造福船和鸟船记录中，可以看到"猫竹"一词多次出现，且"每根价银一分"，这应当就是制造外层防御设备所用的茅竹原材料：

《筹海图编》中的《海沧船式》

一号福船：猫竹二百八十枝，银二两八钱。

二号福船：猫竹二百四十枝，银二两四钱。

三号福船：猫竹二百枝，银二两。

次三号福船：猫竹一百八十枝，银一两八钱。

在关于维修一号福船的规定中，提到第三年大修时，需要"猫竹四十枝，银四钱"，第五年应中修，需要"补舣猫竹二十五枝，银二钱五分"。而二号福船第三年大修时，需要"猫竹三十枝，银三钱"，第五年中修，需要"补舣猫竹二十枝，银二钱"。三号福船和次三号福船在第三年的大修和第五年的中修时也有同样的规定，只是猫竹数量略少①。

在明代的抗倭实战中,外加竹板的防御设备已成为福船的主要特征之一,当其他地区的船上有类似设施时,记述者也会提及其与福船的相似之处。例如南直隶的鹰船,是一种可向前、后两个方向航行的船型,其外部也钉有茅竹板,这种装甲设施与提供行船动力的桨手配合,并具有前文所引《武经总要》中所述皮竹笆的箭窗,提高了战船的行动力和攻击力:

> 鹰船两头俱尖,不辨首尾,进退如飞。其傍皆茅竹板,密

《筹海图编》中的《鹰船式》②

---

① 侯继高撰《全浙兵制》卷4,《四库全书存目丛书》子部第31册,齐鲁书社,1995,第195~216页。

② 胡宗宪:《筹海图编》卷13之《鹰船式》,第11页 a。

钉如福船傍板之状。竹间设窗，可以出铳箭。窗之内，船之外，可以隐人荡桨①。

这种可向前后两个方向航行的特征，很像关于元明时期海运船的记载中提到的一种"两头船"，据称其首尾两端都有舵，是为了能在暴风中更易控制航向而设：

> 舟行海洋，不畏深而畏浅，不虑风而虑礁，故制海舟者必为尖底，首尾必俱置舵，卒遇暴风，转帆为难，亟以尾为首，

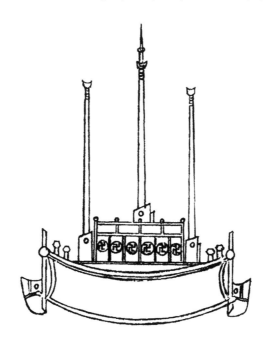

《龙江船厂志》中的两头船

图片来源：李昭祥撰，王亮功校点《龙江船厂志》卷2《图式·两头船》，江苏古籍出版社，1999，第83页。书中分析了两头船是否确曾在明初海运中存在，可作参考，详见84页。

————————

① 郑若曾：《江南经略》卷8上《沙船论一》，《文渊阁四库全书》，台湾商务印书馆，1986，子部第728册第433页。

纵其所如①。

从鹰船图中，还可以明显看到外部与福船相似的竹舷。类似设
施也出现在中国以外的其他国家，如田中健夫所著《倭寇：海上历
史》一书中介绍了现藏于东京大学史料编纂所的中国明代画作《倭
寇图卷》，图中描绘了倭寇船队与明朝官兵交战的情形。书中这样介
绍倭寇所乘海船的外部装甲：

> 大船很像《筹海图编》中作为海防船收载的大福船……
> 《倭寇图卷》中的船与《筹海图编》中的大福船不同之处，在
> 于与大福船铺盖竹子做装甲不同，此船铺盖幅度很窄的木板做

国家博物馆藏明代《抗倭图》局部

图片来源：陈履生：《〈抗倭图〉与抗倭图像研究》，澎湃新闻，2018 年 1 月 27 日，https：//
www. thepaper. cn/newsDetail_ forward_ 1954157。

---

① 丘濬著，周伟民等点校《琼台类稿》卷 34《治国平天下之要·制国用漕挽之宜
（下）》，《丘濬集》第 2 册，《海南先贤诗文丛刊》，海南出版社，2006，第 583 页。

装甲，帆也不是中国帆船所特有的折叠式竹席帆，而是像卷着的日本式草席帆①。

明初文献记载倭寇曾用海鳅船袭击辽东，"倭贼二千余人，以数十海鳅"② 登岸来袭，可见每条船可承载数十到一百人，类似前文所引《水浒传》中"船中可容百十人"的小海鳅船。从《倭寇图卷》中的日本海船形态来看，这种防御设施从外形到实际功能都与中国海船上的同类设施非常相似。

嘉靖年间，南京工部官员沈启在《南船纪》中称"海运船，元制也。元世赖之，我明承之。太祖用饷辽东，成祖用足京廪"③。明代《海运新考》中也曾提到元明时期的两种运粮海船，其形制可以与《天工开物》中做一对照参考：

> 海船原有一千料，又曰钻风四百料。
>
> 元用罗璧造舟，名曰海鹏（一名海鹞），其制龟身蛇首，版木坚厚，每船两旁用大竹帮夹，随带楸杉梧桐轻木，一不畏礁，二不畏沙，一任风浪轻浮，若隼翅然，以鹏名者，言其迅捷，有扶摇万里之义④。

---

① 〔日〕田中健夫著《倭寇：海上历史》，杨翰球译，社会科学文献出版社，2015，第145页。

② 胡宗宪：《筹海图编》卷9之《望海埚之捷》，第1页a。

③ 沈启：《南船纪》卷1《海船》，《续修四库全书》，上海古籍出版社，1996，史部第878册第85页。

④ 梁梦龙：《海运新考》卷上《成造船式》，《四库全书存目丛书》编纂委员会编《四库全书存目丛书》，史部第274册第353页。关于制造千料海船和四百料钻风海船所用物料的内容，《南船纪》中记载"一千料海船：杉木三百二根，杂木（转下页注）

从文中描述来看，罗璧所造的海鹏船应该是一种平底海船，其形态很可能与龟类的平腹相似，从而不畏礁沙，具有沙船的优点，这应当就是《元海运志》中所说的"至元十九年，伯颜追忆海道载宋图籍之事，以为海运可行，于是请于朝廷，命上海总管罗璧、朱清、张瑄等造平底海船六十艘，运粮四万六千余石，从海道至京师"① 一事。两相对照，可知元明时期可能有两种典型的海运船，较小者名为四百料的钻风船，也称海鳅船；而《天工开物》中所说的较大型的遮洋船可能是指《海运新考》中记载的一千料海船，《明宪宗实录》中也有关于"千料遮洋大船"的记载②。又如永乐年间，海运最终转为河运之前，曾有一次关于造船运粮成本对照的论证，其中也提到了千料海船，《漕河图志》中记载了当时的对比情况：

> 造千料海船一只，须用百人驾驶，止运得米一千石。若将用过人工、物料估计，价钞可办二百料河船二十只，每只用军

(接上页注④)一百四十九根，楠木二十根，榆木舵杆二根，桑木二根，橹棳三十八枝，丁线三万五千七百四十二个，杂作一百六十一个条，桐油三十二斤八两，石灰九千三十七斤八两，艌麻一千二百五十三斤三两二钱，船上什物：络麻一千二百九十四斤，黄麻八百八十五斤，棕二千一百八十三斤十二两，白麻二十斤。四百料钻风海船：杉木二百廿八根，桅心木二根，杂木六十七根，铁栗木舵杆二根，橹坯二十根，松木五根，丁线一万八千五百八十个，杂作九十四个条，桐鱼油一千一斤十五两，石灰三千五斤十三两，艌麻七百二十九斤八两八钱，船上什物：络麻五百七十四斤十四两四钱，白麻十斤，黄麻三百八十三斤八两，棕毛七百三斤（沈启：《南船纪》卷一《海船》，第86页）。

① 危素：《元海运志》，佚名撰《大元海运记》卷之下，广文书局，1972，第115页。
② 《明宪宗实录》卷40，成化三年三月癸未，黄彰健等校勘，中研院历史语言研究所，1962，第813～814页。

二十名，运粮四千石。以此较之，从便则可①。

在进入内河使用时，遮洋船型被认为有"梁阔底深"的特点，《明会典》中记载：

> （正统）十三年题准，遮洋船三百五十只，原系南京淮扬等卫官军驾使，每岁由直沽以东三汊河过赴林南东店等仓交纳。梁阔底深，闸河水浅难行，以后粮完日，仍在临清闸下湾泊，于卫河提举司关支物料修艌②。

这种不适于浅水的特征在《明孝宗实录》中也有所体现，其中有"旧设遮洋船以从海运，船大人众，载米亦多。今漕河滩浅，请

---

① 王琼撰，姚汉源、谭徐明点校《漕河图志》卷4《始议从会通河攒运北京粮储》，水利电力出版社，1990，第177页。

② 申时行等修，赵用贤等纂《大明会典》卷27《会计三·漕运》，《续修四库全书》，史部第789册，第495页。在《大明会典》中，还记载了遮洋船更具体的物料和尺度数据，即"遮洋船一只合用：底板楠木三根、栈板楠木四根、出脚楠木一根、梁头杂木十根、草鞋底榆木一段、前后伏狮掌狮杂木二根、封头楠木连三枋一块、封稍楠木短枋一块、挽脚梁杂木一段、面梁楠木连二枋一块、将军柱杂木二段、桅夹杂木板四片、木小钉锔八百斤、艌船麻二百二十斤、石灰七石、椿灰并油船桐油一百五十斤、船上什物、大桅一根、头桅一根、大篷一扇、头篷一扇、緋索三副、度緋三条、猫缆一条、猫顶一条、系水一条、纤篾一条、箍头绳一条、八皮六条、牵篾四条、抱桅索二副、橹四枝、脚索二副、招头木一根、篙子十二根、挽子二把、水橛二根、郎头一个、跳板一块、橹跳四块、橹绳四条、戽斗一箇、铁猫一箇、吊桶一个、挨篙木二根、竹水斗一个、舵一扇、舵牙一根、舵关门棒一根、水桶二个、前后衬仓水基竹瓦全、盖篷并衬仓芦席全。船式样：底长六丈、头长一丈一尺、梢长一丈一尺、底阔一丈一尺、底梢阔六尺、底头阔七尺五寸、头伏狮阔一丈、梢伏狮阔七尺五寸、梁头十六座、底板厚二寸、栈板厚一寸七分、钉一尺四钉、龙头梁阔一丈二尺、深四尺八寸、使风梁阔一丈五尺、深四尺八寸、后断水梁阔六尺、深六尺、两厳各阔四尺五寸、共九尺。"（申时行等修，赵用贤等纂《大明会典》卷200《工部二十·粮船》，第385~387页。）

悉改为漕船"① 的记载。从实际特点来看，带有遮洋的船不仅是海运船，也可以作为战船使用。直到成化年间，南京附近仍在造带有遮洋设施的内河战船，即"造战船以御折冲，谓巡江之备，必须造多桨船，有风则众帆齐举，无风则众桨并发，旁立遮洋，中有敌台，暗设伏兵于内，而使外人不能窥伺"②。

按照《明太宗实录》中的记载，永乐五年（1407）九月，"命都指挥汪浩改造海运船二百四十九艘，备使西洋诸国"③，这应是为了永乐七年郑和第三次下西洋所造，当时下西洋事业开始不久，尚未来得及制造大型宝船，被改造的海船很可能就是带有遮洋设施的千料海船。虽然上文提到元代初开海运时，罗璧等曾经制造六十艘平底海船，但不能据此认为元明两代所有的运粮海船都是这种形制。从元代海运的历史可以看到，当时海运路线几次变迁，从沿岸浅沙地带航行转为深海直航，航线和海域环境的改变很可能导致粮船形制的调整。而当时参与运粮者也不仅限于太仓一地，还涉及远至福建的运盐粮事业，如元至正二十年（1283）任户部尚书的贡师泰"以闽盐易粮，由海道转运京师"④。海运过程中，调集沿途多地的海船，甚至连征日本的军船也在其中，如至元二十三年（1286）二月，"以征日本所造船给海边民户运

---

① 《明孝宗实录》卷5，成化二十三年十月己丑，黄彰健等校勘，中研院历史语言研究所，1962，第92页。

② 《明宪宗实录》卷46，成化三年九月乙酉，第962~963页。

③ 《明太宗实录》卷71，永乐五年九月乙卯，黄彰健等校勘，中研院历史语言研究所，1962，第988页。

④ 顾嗣立编《元诗选》初集之《戊集·贡尚书师泰》，中华书局，2002，第1394页。

粮"①，这应是元朝越海征伐日本时，文献中提及的三百艘"千料舟"一类船型②。元代海运船数量巨大，未必是全部新造，其中很可能包括多区域的多种船型，又由于明代大型海运在永乐十三年（1415）后停止，原有海运军队转入内河运粮，他们驾驶的运船形制在此过程中很可能也有所改变，并影响到相关文献的记载。关于早年海船的形制，《龙江船厂志》中称其"已废，尺度无考"③。2014 年 8 月，江苏太仓出土一艘海运船，长 18 米，宽 5 米，前半部呈 V 字形，后半部平缓变成 U 形，被认为是元代江浙的典型近海船④。这很可能就是元代和明初的海运船型之一。

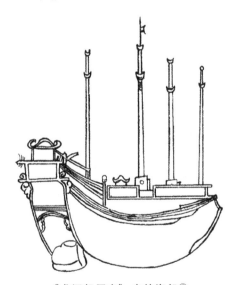

《龙江船厂志》中的海船⑤

① 佚名撰《大元海运记》卷之上，第 50 页。
② 宋濂撰《元史》卷 208《外夷一·日本》，中华书局，1976，第 15 册第 4628 页。
③ 李昭祥撰，王亮功校点《龙江船厂志》卷 2《图式·海船》，第 80 页。
④ 杭涛：《江苏太仓元代古木船》，《大众考古》2014 年第 11 期，第 16～17 页。
⑤ 李昭祥撰，王亮功校点《龙江船厂志》卷 2《图式·海船》，第 80 页。

　　明初的海运队伍也面临着倭寇等威胁，因此船上须有防御设施，
遮洋设备既可以防水也可以作为掩体，这也能解释为何会直接将其
改造为下西洋所用海船，因为它可以满足官军的护航作战需求。
2000 年，金秋鹏在《迄今发现最早的郑和下西洋船队图像资料——
〈天妃经〉卷首插图》① 中介绍了一幅刻于明永乐十八年（1420）

《中山传信录》里的封舟

图片来源：王冠倬：《中国古船图谱》，彩版第 17 页。

---

①　金秋鹏：《迄今发现最早的郑和下西洋船队图像资料——〈天妃经〉卷首插图》，
　　《中国科技史料》2000 年第 1 期，第 61～64 页。

的插图,其刊刻时间介于郑和第五次和第六次下西洋之间,图中出现了郑和船队的形象。文章认为它们具有典型的福船"艏艉高翘,船舷高,吃水深"的特点,而从图中也可以看到,船外侧有竹节竖立密排的痕迹,这很可能就是此类装甲防御设施在福船上的体现。

永乐十八年《天妃经》引首木刻画中的天妃、观音和郑和船队①

在后来关于郑和宝船形象的复原中,各方研究者将不同文献资料作为依据,如清代《中山传信录》中保留的康熙五十八年(1719)封舟形象②就是其中引用广泛的一种,但其舷墙上并没有外部茅竹装备。而澳门地区在2005年发行的纪念郑和下西洋600周年的小型张邮票上,则将船队绘制为与《天妃经》引首长卷图中相似的形象,清晰地体现了福船外侧竹制设施的特征。关于郑和船队的图像资料后世流传不多,《武备志》中《自宝船厂开船从龙江关出

---

① 中国美术全集编辑委员会编,王伯敏主编《中国美术全集·绘画编20·版画》,上海美术出版社,1988,第32~33页。

② (清)徐葆光:《中山传信录》,黄润华、薛英编《国家图书馆藏琉球资料汇编(中)》,北京图书馆出版社,2000,第15~16页。

水直抵外国诸番图》（即《郑和航海图》）内所附的四幅《过洋牵星图》里，海船又是一种尾部高翘的形象。从绘制视角、风格和对船上设施的体现来看，《过洋牵星图》中的海船形象和《武备志》中的其他船图一样，与《龙江船厂志》《南船纪》中的船图绘制风格较为相似，多为全面体现出船尾与船舱的斜侧视图，而与《筹海图编》《兵录》一类兵书中通常出现的正侧绘制视角有所差异，与《天妃经》中的视角也有所不同。结合《郑和航海图》中对龙江关出航直至长江口的南直隶一带航线记载较为详细的特点，可以推测其初绘时很可能有南京官营船厂的技术人员参与。但需要注意的是，《武备志》中在收录前代船图时，与《筹海图编》《兵录》等相比，已经做了图像重绘，所以尚不能确定《过洋牵星图》在收入《武备志》前，其中的海船形象是否为另一种形态。因此目前可以确定的

澳门邮票

是,《天妃经》卷首图中的郑和船队形象应是早期文献中与实际情形最为相符的图像资料,其中体现出的海船特征也应受到重视。

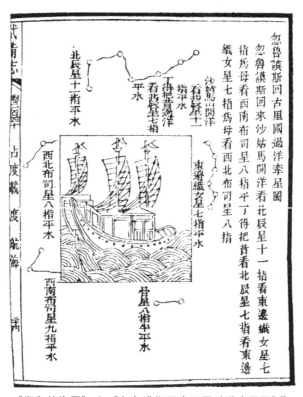

《郑和航海图》之《忽鲁谟斯回古里国过洋牵星图》①

从相关记载来看,"遮洋"与竹制装甲一类设施来源于陆战中的相关器具,有航行防水、战斗防御和防止船上人员落水作用,具有一定的高度和坚固度,从当时人们对此类防御设施的描述中,也可以看到抗倭作战中的实际需求和明代海船发展的历史。

---

① (明)茅元仪:《武备志》卷240,《续修四库全书》,上海古籍出版社,1996,子部第966册第330页。

福船的装甲防御设备在明代抗倭
实战中的作用

从上一篇文章的分析来看，外加茅竹板的高立防御设施应是明代福船的常态，这种特征也在当时的各种图像和文献中得以体现。由于福船是明代抗倭水战中的主力船型，所以在当时一些论著中，福船上类似垣墙的防御措施被着重强调，并称其如同古代的楼船：

> 福建船制其旁如垣，其篷用卷，便于使风……然欲攻大敌于外洋，非福船不可。盖福船之制，其蜂房垣墙，即古之楼船巨舰[①]。

俞大猷曾有一文，名为《议以福建楼船击倭》：

[①] 郑若曾撰，邓钟重辑《筹海重编》卷 12，第 230 页。

攻贼长技，当以福建楼船破之，则螳蜓之丑不足平，而苍沙诸船非足恃也。王公善之，大调福建舟师，分布诸岛屿……自是浙直海洋十余里，俱以楼船取胜，所斩获无虑数万①。

从这些论述中可知，当时的人们认为福船是一种楼船，而且是古代"楼船巨舰"在明代的延续。如果从这种周边防护设置来看，明代福船确实带有典型的中国早期战船特征，如汉代《释名》中对"舰"的记载是："上下重版曰槛，四方施版，以御矢石，其内如牢槛也"②。"槛"即"艦"（舰），这里描述的四方施板，用来防护飞石和箭镞，确实与后来的外加茅竹一类防御设施作用相同。又如唐代《通典》中对楼船的解释是：

船上建楼三重，列女墙战格，树幡帜，开弩窗，矛穴置抛车垒石铁汁，状如城垒。忽遇暴风，人力不能制，此亦非便于事。然为水军，不可不设，以成形势③。

可见楼船的特点除了建楼之外，还有坚固的防御设施、女墙和

① 俞大猷：《正气堂集》卷5《呈浙福军门思质王公揭十二首·议以福建楼船击倭》，俞大猷撰，廖渊泉、张吉昌点校《正气堂全集》，八闽文献丛刊，福建人民出版社，2007，第159页。

② 刘熙撰，毕沅疏证，王先谦补，祝敏徹、孙玉文点校《释名疏证补》卷7《释船第二十五》，中华书局，2008，第266页。

③ 杜佑著，〔日〕长泽规矩也、尾崎康校订，韩昇译订《日本宫内厅书陵部藏北宋版通典》卷160《兵十三·水平及水战具附》，上海人民出版社，2008，第7册第105页。

远程攻击设备，它们最早来自陆战中的战车制造技术，而这些特点
也出现在后来的福船上：

> 福船最大，可容百人，上下两层板平铺，自船底至上层为
> 三层。周围铺板或列茅竹御锐，上设木女墙及炮床。前后皆不
> 可入，惟两傍各开一小门以入①。

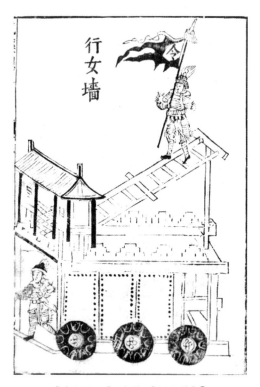

《武经总要》中的《行女墙》②

设有女墙的战船还有《通典》中的斗舰，其解释是：

---

① 唐顺之：《武编》前集卷6《舟》，《文渊阁四库全书》子部第727册，第482页。
② 曾公亮、丁度等：《武经总要》卷10《行女墙》，第29页 a。

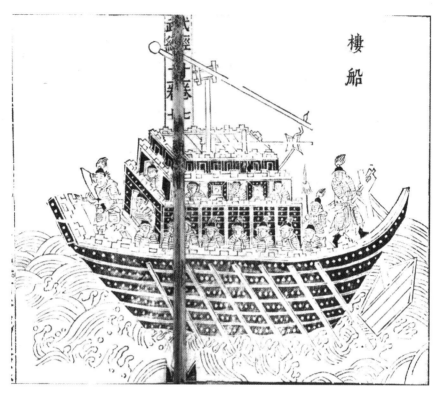

《武经总要》中的《楼船》①

船上设女墙，可高三尺，墙下开掣棹孔，船内五尺又建棚，与女墙齐。棚上又建女墙，重列战敌，上无覆背，前后左右树牙旗幡帜金鼓，此战船也。

可见斗舰上兼具防护设备与动力空间，即墙下的设棹之处。这类设置在东亚地区也经常出现，如《天工开物》中提到"倭国海舶两傍列橹手拦板抵水，人在其中运力"②，描述的也是类似的结构。

---

① 曾公亮、丁度等：《武经总要》卷11《楼船》，第7页 a～b。
② 宋应星著，钟广言注释《天工开物》舟车第9卷《海舟》，第248页。

《通典》中记载的斗舰设有用来御敌的女墙，是一种以战斗为主要任务的船，但船上没有覆背，相比之下，《通典》记载的蒙冲拥有更完善的防护措施：

> 以生牛皮蒙船覆背，两厢开掣棹孔，前后左右有弩窗矛穴，敌不得近，矢石不能败。此不用大船，务于速疾，乘人之不及，非战之船也[①]。

可见古代蒙冲同样在防护设备后加人工动力措施，其优势是快速行进，因此不用大型船，与后世一些被类比为蒙冲的船型相差较大。如同福船被称作古代的楼船，清初屈大均在《广东新语》中将广东的战舰称为"蒙冲"，在描述中可见，这种被称为"横江大哨"的广船是一种可以借助风力和人工摇橹作为动力的战船，船上也有坚固的防御设施，同时桅杆顶上设有观察设施和攻击人员：

> 广之蒙冲战舰胜于闽䑸。其巨者曰横江大哨，自六橹至十六橹，皆有二桅。桅上有大小望斗云棚。望斗者，古所谓爵室也。居中候望，若鸟雀之警示也。云棚者，古所谓飞庐也。望斗深广各数尺，中容三四人，网以藤，包以牛革，衣以绛色布帛，旁开一门出入，每战则班首立其中。班首者，一舟之性命所系。能倒上船桅，于望斗中以镖箭四面击射。势便，或衔刀挟盾，飞越敌舰，斩其帆樯，或同蜑人没水凿船，而乘间腾跃

---

① 杜佑著，〔日〕长泽规矩也、尾崎康校订，韩昇译订《日本宫内厅书陵部藏北宋版通典》卷160《兵十三·水平及水战具附》，第105页。

上船杀敌，或抱敌人入水淹溺之。其便捷多此类。舰旁有芘篱，夹以松板，遍以藤，蒙以犀咒绵被①。

这种设在桅杆顶处的观察设备最早也是来源于陆上攻城战中的同类设施，但船上的加固方法反向影响了陆战中的相应技术，如《武经总要》中对望楼的形制加以介绍时，称其建造技术"如船上建樯法"②。

《筹海图编》中的《广东船式》③

---

① 屈大均：《广东新语》卷18《舟语》，《清代史料笔记丛刊》，中华书局，1985，第479页。

② 曾公亮、丁度等：《武经总要》卷13《望楼》，第15页b。

③ 胡宗宪：《筹海图编》卷13之《广东船式》，第1页a。

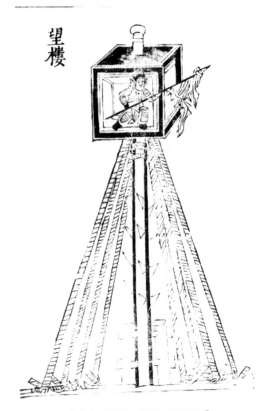

《武经总要》中的《望楼》①

关于《广东新语》中提到的"横江大哨"，明代晚期的《筹海
重编》中记载"广船今总名乌艚，又有横江船各数号。其称白艚者，
则福建船式也"②。在明代文献中，留下了关于许多船型名称的记载，
其中很大一部分是在明朝中期之后的沿海御倭战斗中逐渐总结出的
称谓。明初文献记载海船时，一般只有平底、尖底、多橹快船等名
称，在嘉靖年间的著作中，还经常可见广东"乌尾"、福建"白艚"

---

① 曾公亮、丁度等：《武经总要》卷 13《望楼》，第 15 页 a。
② 郑若曾撰，邓钟重辑《筹海重编》卷 12，第 220 页。

等名称，但在各地海船调度与协同作战过程中，人们逐渐认识到不同地区各种船型战斗力的差异和适合从事的战斗类型的区别，并将这种认识记录到各种著作里，以地域命名的方式由此产生，随之便有"广船""福船"称谓大量出现。广船因用铁力木制造，比福船更加坚固，如时人总结：

> 广船视福船尤大，其坚致亦远过之。盖广船乃铁栗木所造，福船不过松杉之类而已，二船在海若相冲击，福船即碎，不能当铁栗之坚也。倭夷造船，亦用松杉之类，不敢与广船相冲①。

但广船也有自己的问题，戚继光称广东"乌尾船虽大，外少墙壁，内多棚盖，橹人难立，火攻易燃，必须用福建白艚，相兼互进"②。广船之所以容易在火攻中受损，是因为"其上编竹为盖，遇火器则易燃，不如福船上有战棚，御敌尤便也"③。从这些描述来看，可能是由于广船上的竹盖覆于船体之上，平坦且面积大，当火器抛掷其上时易于燃烧，而福船则侧边竖立战棚，因此有更强的防御作用。这类竹盖战棚应当也是古代陆战中战车技术的延伸，如《武经总要》记载的陆战装备中有多种类似装置，明代战船上的防护措施应当就是据此演化而来。

---

① 胡宗宪：《筹海图编》卷13，第2页 b。

② 戚祚国汇纂《戚少保年谱耆编》卷6，北京图书馆编《北京图书馆藏珍本年谱丛刊》第51册，北京图书馆出版社，1999，第35页。

③ 郑若曾撰，邓钟重辑《筹海重编》卷12，第222页。

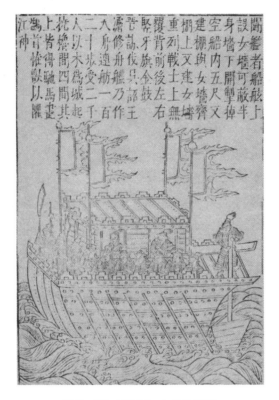

明代《三才图会》中的斗舰图

　　《筹海重编》结合各地海况，对比各地船型，提到"闽、广、浙、直船制各异"，这其实就是后来人们常说的福船、广船、浙船、沙船四大船型。对于它们的各自特点，有最简单的概括称："广东船制两旁设架，便于摇橹。福建船制其旁如垣，其篷用卷，便于使风。浙直船制平底布帆，便于荡桨。"从这里可以看到当时的人们认为浙江与南直隶的船大体相似，都具有平底和用桨推进的特征。这应当也是后来研究者们认为浙船特征不明显，从而只划出福船、广船、沙船三种船型的主要原因之一。

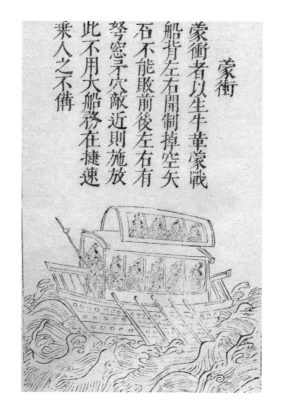

明代《三才图会》中的蒙冲①

广船的特征是尖底且用桨做推动，因用铁力木制造，所以结构比福船更坚固。而福船则是首尾高翘，底尖，便于深海航行，且有遮洋等高大防御设施，适合作为战船。《筹海重编》中解释了各地船型与当地环境的关系，如"福建海水最深，各信地俱近外洋，一望无际，纵有海岛，如浮沤之着水耳。故有风时多，无风时少，顺则使风，逆则戗风，此福船所由制也"，这种海域宽广、岛屿较少、海

① 王圻：《三才图会》器用 4 卷之《斗舰》、《蒙冲》，明万历三十五年刊本，第 39 页 b、38 页 a。

风较多、船舶主要靠风力行驶的特点，促成了"福建船制其旁如垣，其篷用卷，便于使风"。而广东"自出五虎门，上及大鹏，下及北津以西，俱有海屿，或断或续，联络于外，商船来往，多从里海，且风气和柔，全仗摇橹"，这种岛屿众多、风力有限的特点，使得广东船型的推进特点是"两旁设架，便于摇橹"。而浙江与南直隶一带的海域特征是"海水深处固多，浅处时有，近岸平沙或数十里，潮长水深寻丈，潮退仅可尺许，故叭喇唬、沙船专事荡桨"，这种浅沙地带众多的特点，使浙、直船型是"平底布帆，便于荡桨"，即文中所说的"船制各异，而不知其所以异者，由于海势之不同也"。而山东以北的海船也应有其独有特征，如文中所说，"山东以北，危矶暗沙，往往有之，船制又不可执此例彼矣"。但由于灭倭战斗主要发生在南方海域，因此对于山东船的特征，明代文献中没有太多分析。

虽然广船有很多优势，但作战从来都不仅限于简单的技术和军事因素，其中会牵涉许多经济和行政原因，这使得广船并没有取代福船成为抗倭战斗中的主力船型。当时的文献中提到广船不易调动，其中除了技术因素之外，还有更多管理和区域经济因素，例如广船和福船的各自行政隶属关系，直接决定了它们是否容易被相应部门调动。又如广船用铁力木制造，这种原材料比较难以获取，维修费用相对较高，且行政管辖关系也决定了报修程序复杂，这都使得广船易毁难修。又由于广船只需在广东本地经商就可以获得较为丰厚的利润，因此不愿受雇前往前线：

但广船难调，不如调福船为便易，何也？广船非我军门所
辖，不似福船之易制御，一也。广船若坏，须用铁栗木修理，
难乎其继，二也。造船大户，倩人驾使，任其毁坏而不惜，三
也。造费浩繁，其毁甚易，移文修造，理势难行，四也。将欲
重价以雇之，则此船在广，鱼盐之利自多，区区价微，不乐于
雇，五也。欲许其带货，则广货之来，无资于海，盖福建收港
溪水甚逆，浙直道远，风涛可畏，不如一逾梅岭，即浮长江，
四通八达，故虽带货，亦非其所愿，六也。向来通倭，多漳、
泉无生理之人，广人自以鱼盐取西南诸番之利，不必如福船之
当啖以取利中国，七也。此广船之利弊也①。

从先秦时起，中国水军就已经形成了各船型协同作战的理论，
这种理论来源于陆上的车战和攻城战，所以各种船型也对应着陆军
战车与骑兵的不同类型：

越军吴军舟战于江，伍子胥对阖闾，以船军之教比陆军之
法。大翼者，当陆军之车，小翼者，当轻车。突冒者，当冲车，
楼船者，当行楼车。桥船者，当轻足骠骑②。

宋代陆游在《老学庵笔记》中提到了当时的不同船型，其中有
长达三十六丈的车船，即"鼎澧群盗如钟相、杨么，战舡有车船、
有桨船、有海鳅头……官军战船亦仿贼车船而增大；有长三十六丈、

---

① 胡宗宪：《筹海图编》卷 13，第 2 页 b～第 3 页 a。
② 曾公亮、丁度等：《武经总要》前集卷 11《水战》，第 3 页 b。

广四丈一尺、高七丈二尺五寸，未及用而岳飞以步兵平贼。至完颜亮入寇，车船犹在，颇有功云"①。在后来的解释中，巨大的车船被类比为"如陆载之阵兵"，而较小的海鳅船则被类比为"如陆载之轻兵"②。明初洪武六年（1373），德庆侯廖永忠根据海上有风和无风时的不同情况，建议加造多橹快船，有风时用帆，无风时则用人力划行前进，一旦有倭寇前来，则用"大船薄之，快船逐之，彼欲战不能，敌欲退不可走，庶乎可以剿捕也"③。在明代军事论著中，这种以大型船搭配小型快速机动船的做法经常出现，通常是以高大坚固的福船为主，其他船型为辅：

> 况福清盐船虽大，不可以当海寇之夹板船、叭喇船。漳州之草撇、乐清之大铁等船，又不可以当海寇之乌尾、尖艚。至于东仔、铜茭等船，又不及也。昔人海战之船，大小制度不同，今当兼用可也。如楼橹艨冲，此船之大者也；如直进露桡，此船之中者也；又如舴艋海鳅，此船之小者也。以船之大者，为中军座船，而当其冲；以船之中者，为左右翼，而分其阵；以船之小者，绕出于前后两旁之间，伏见于远近散聚之际，使挠其计④。

在这种理论中，体型高大且具有战斗和防御设施的明代福船确

---

① 陆游撰《老学庵笔记》卷1，《唐宋史料笔记丛刊》，中华书局，1979，第1~2页。

② 唐顺之：《武编》前集卷6《舟》，第479页。

③ 《明太祖实录》卷78，洪武六年春正月庚戌，黄彰健等校勘，中研院历史语言研究所，1962，第1423~1424页。

④ 胡宗宪：《筹海图编》卷13，第20页b~21页a。

实符合主力战船的条件，如俞大猷所说，"唯福建之白艚，上有战楼，傍有遮垛，可战可守"①。抗倭军官田应山认为"福船利于迎击，沙船利于应援，其八桨快船专用不时飞报，余船如苍船等不过备数而已"②。浙江总兵侯继高的看法与此类似。他认为在众多船型中，只有福船、沙船和唬船有用，而在各种火器中，多数只是徒有创新之名而没有实用价值，并认为在两船近战时，最实用的方法是向对方的船上大量倾倒并点燃火药：

> 以本镇亲涉洋中所目击者，谓海上战船，除福、沙、唬三项实用之外，余皆巧其名而虚其费也。至如铳炮之类，惟发贡、鸟铳、佛狼机、百子铳四项。火器之类，惟一窝蜂、钉篷箭、喷筒、火礶四项皆切实用者，其余不过眩新视听，糜损工钱，无用之物耳。但两船相接之时，只要火药多而连桶倾之，使贼船先焚自乱，最是上策。故本镇谓宜省诸无益之费，多造火药，此海战之首务也③。

虽然在参与实战的官员们看来，最有效的战船只有少数几种，取胜的规律也可以总结为"海上之战，不过以大船胜小船……多船胜寡船"④，但福船需要借风行驶的特点，却成为它在海战中的弱项，

---

① 俞大猷：《正气堂续集》卷 1《又与刘凝斋书》，俞大猷撰，廖渊泉、张吉昌点校《正气堂全集》，第 537 页。

② 唐顺之：《武编》前集卷 6《舟》，第 482 页。

③ 侯继高撰《全浙兵制》卷 1，第 123 页。

④ 郑若曾撰，邓钟重辑《筹海重编》卷 12，第 230 页。

无风时就会缺乏动力，"福船利骑船，但无风不可动。沙船轻捷利斗，须用福船相兼行使"①。福船可以借巨大的体型优势直接碾压敌船，称为"犁沉"，即戚继光所说"福船高大如城，非人力可驱，全仗风势，倭舟自来矮小，如我之小苍船，故福船乘风下压，如车碾螳螂，斗船力而不斗人力，是以每每取胜。设使贼船亦如我福船大，则吾未见其必济之策也"②。但船型过大也带来运转不便的问题，如侯继高在《全浙兵制》中论述：

> 福船、草撇利于深水冲犁，而不利于逆风转戗与浅水堵截。沙船利于回风转戗，而尤利于远洋破浪。若唬船有风则扬帆，无风则鼓棹，而回风转戗与沙船同。此外更有苍、渔等船大小兼用，因时置宜③。

草撇船是较小型的福建船，即在本书第一节中所说的六种福船中，排名第三号的哨船。《筹海重编》在《大福船式》中记载称"福船一号吃水大深，起止迟重，惟二号福船今常用之"④，戚继光也谈到大型福船吃水在一丈以上，只能在大洋作战，不能深入里海，所以要用排名第四号的福船（即又名为冬船）的海沧船配合使用：

> 但（福船）吃水一丈一二尺，惟利大洋，不然多胶于浅，

---

① 唐顺之：《武编》前集卷6《舟》，第482页。
② 戚继光撰，曹文明、吕颖慧校释《纪效新书》（十八卷本）卷18，中华书局，2001，第345~346页。
③ 侯继高撰《全浙兵制》卷1，第123页。
④ 郑若曾撰，邓钟重辑《筹海重编》卷12，第221页。

无风不可使。是以贼舟一入里海，沿浅而行，则福舟为无用矣。故又有海沧之设。

海沧船虽然吃水略低，在较小的风中也可以行驶，但战斗力却低于福船，如果敌方攻守实力较强，海沧船便无法形成有效攻击力。此外，捞取首级也是战斗中的一项要务，体型相对高大的福船和海沧船都不适用这种工作，因此需要体型较小的苍船完成：

> 夫海沧稍小福船耳，吃水七八尺，风小亦可动，但其力功皆非福船比。设贼舟大而相并，我舟非人力十分胆勇死斗，不可胜之。二项船皆只可犁沉贼舟，而不能捞取首级，故又有苍船之设。

苍船原是一种用来捕鱼的小型船，具有灵活机动的特点，因此可用于追击和捞取首级：

> 夫苍船最小，旧时太平县地方捕鱼者多用之，海洋中遇贼战胜，遂以著名……然此船水面上高不过五尺，就加以木打棚架，亦不过五尺。贼舟与之相等，既势均，不能冲犁。若使径逼贼舟，两艘相联，以短兵斗力，我兵决非长策，多见悮事。但若贼舟甚小，一入里海，我大福、海沧不能入，必用苍船以追之。此船吃水六七尺，与贼舟等耳。其捞取首级，水潮中可以摇驰而快便[1]。

---

① 戚继光撰，曹文明、吕颖慧校释《纪效新书》（十八卷本）卷18，第346~347页。

苍山船也是一种可兼用风力和人工摇橹作为动力的海船，《筹海图编》中对其形制有这样的描述：

> 苍山船首尾皆阔，帆橹兼用，风顺则扬帆，风息则荡橹……船之两傍，俱饰以粉，盖卑隘于广、福船，而阔于沙船者也。用之冲敌，颇便而捷，温州人呼为"苍山铁"①。

苍山船的弱项，在于没有防御设施。船上有无防卫护板，是在抗倭时代背景之下，区别各船特征的一种重要指标。在《武编》关于各船型的介绍中，苍山船和沙船都被强调没有护板的特征：

> 苍山船一名铁船，小于福船，今宁波苍山人用之，周围无板。福人尚可使，苍山人旷野难使。沙船又小于铁船，亦无周板，出苏常镇江海沙上。

在实际作战中，缺少防御设施的船很容易受到威胁，如《武编》中介绍一种名为六跳船的内河战船，"乃是吴中之兵所习驾者，行走便疾，而无自蔽之具。一遇贼人矢石，只欲逃走。逃不离，有弃船下水而已"。因此各种船都有适合协同作战的类型，如同样装备有外层竹制护板的鹰船，自身具备动力，可前进后退，类似明初海运的两头船，《武编》中也强调了其防御措施的优势：

> （鹰船）乃福广苍山等兵所习驾者，此船摇橹驾桨之兵，皆伏藏不露。贼人矢石不能伤，而我船之铳炮、喷筒、矢石、飞

---

① 胡宗宪：《筹海图编》卷13，第9页b。

锞之类，可以伤敌。

但文中随后介绍，鹰船也要与具备快速机动的船共同使用，即"三橹等船取其疾走而不取其斗战，鹰船取其斗战而不取其疾走，二者宜相资以为用。原鹰船用双塔船改"①。既然能将双塔船改造成鹰船，可以推测两种船型相差不会太大，俞大猷《论河船式》中提到双塔船与鹰船的区别是双塔用橹，鹰船用桨②；《江南经略》中记载"松江府先后打造双塔船、鹰船，各发上海华亭，各招募水兵，分布沿浦各港，巡逻把截"③。由此来看，这两种船最初可能都来自长江口一带。广东沿海也曾配备鹰船，如戚继光记述"广东旧设水寨，沿海卫所官军坐驾鹰船，备非不周，法非不善，迄因柘林水军之变，遂议罢之，是因噎而废食也"④。

在海上对阵倭寇时，鹰船甚至可以和福船一样作为主力战船冲击敌船，并在一定程度上起到屏障作用，说明其防御措施具有明显优势：

> 倭惯用伏，长于陆战。若当海洋，则其舟甚小，可犁而沉，且随涛震荡，难使火器，而我以福船、鹰船冲其锋，海沧艟斗其力，击以发熕，扼以陆兵，曾未登岸，而气已先靡矣⑤。

① 唐顺之：《武编》前集卷6《舟》，第482~483页。
② 俞大猷：《正气堂集》卷5《呈浙福军门及泉李公揭三首·论河船式》，第173页。
③ 郑若曾：《江南经略》卷4上《松江府海防议》，第255页。
④ 戚祚国汇纂《戚少保年谱耆编》卷6，第33~34页。
⑤ 张萱：《西园闻见录》卷56《兵部五·防倭》，《续修四库全书》编纂委员会编《续修四库全书》，子部第1169册第391页。

由于沙船没有防护措施，所以要和鹰船组合使用，使鹰船先冲击敌船，打乱敌军部署之后，再用沙船载兵跟上，近距离格斗杀敌：

> 崇明沙船可以接战，但上无壅蔽，火器矢石何以御之？……
> 必先用此冲敌，入贼队中，贼技不能却，而后沙船随后而进，
> 短兵相接，战无不胜，鹰船、沙船乃相须之器也[1]。

明代几种快速机动船的作用，类似《通典》中记载的走舸，即"舷上立女墙，置棹夫多，战卒皆选勇力精锐者，往返如飞鸥，乘

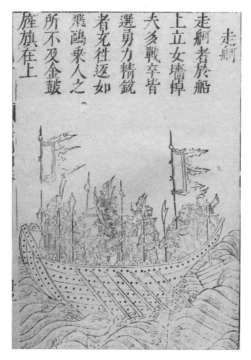

《三才图会》中的走舸[2]

---

① 郑若曾：《江南经略》卷8上《沙船论一》，第433页。
② 王圻：《三才图会》器用4卷之《走舸》，第39页a。

人之不及。金鼓旗帜，列之于上，此战船也"①。而《通典》中记载
的游艇是另一种适合快速机动行进的船，其特点是"无女墙，舷上
置桨床，左右随大小长短，四尺一床，计会进止，回军转阵，其疾
如风，虞候居之，非战船也"②。如同福船是对古代楼船的继承一样，
这些具有快速机动特点的轻型海船也在明代继续发展。

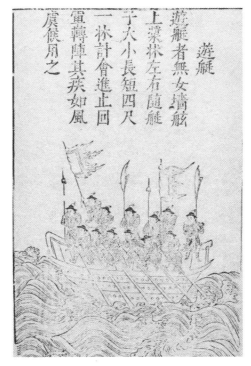

《三才图会》中的游艇③

① 杜佑著，〔日〕长泽规矩也、尾崎康校订，韩昇译订《日本宫内厅书陵部藏北宋版
通典》卷160《兵十三·水平及水战具附》，第105页。

② 杜佑著，〔日〕长泽规矩也、尾崎康校订，韩昇译订《日本宫内厅书陵部藏北宋版
通典》卷160《兵十三·水平及水战具附》，第105页。

③ 王圻：《三才图会》器用4卷之《游艇》，第37页b。

明代文献中海鹘船图的演变与
舷外浮体的发展

在唐代《通典》中记载有一种以鸟类命名的船，即设有防御装备的海鹘船，海鹘即海东青，这种船型"头低尾高，前大后小，如鹘之状，舷下左右置浮版，形如鹘翅翼，以助其船。虽风涛涨天，免有倾侧覆。背上左右张生牛皮为城，牙旗金鼓如常法，此江海之中战船也"①。

关于海鹘船的"舷下左右置浮版"是何意义，此前在相关研究中有不同的推测。但从《武经总要》的配图来看，海鹘船侧在数根长棹之外，又多出两根木材，其一在左起第二根棹下，其二在右起第四根棹下。这应该就是用来固定边架艇舷外浮体的两根木材。凌

---

① 杜佑著，〔日〕长泽规矩也、尾崎康校订，韩昇译订《日本宫内厅书陵部藏北宋版通典》卷160《兵十三·水平及水战具附》，第105～106页。

纯声在《中国远古与太平印度两洋的帆筏戈船方舟和楼船的研究》中，分析中国古代的戈船即为有舷外浮体之船，"古代的戈船即今太平洋上的边架艇（Outrigger Canoe），就是一只独木舟一边绑扎一木架，即成单架艇，两边加木架为双架艇。任何小船加上单架或双架，在海上航行虽遇风浪，不易倾覆。架的形式似戈，或是戈船名称的由来……这种边架艇至今为太平洋和印度洋上最多航海工具，他较之方舟尤便捷而轻快"[1]。图中的海鹘船一侧延伸出两根木杆形态，恰与舷外浮体露出水面的状况相同，而浮体本身在行驶状态中会没入水下，所以并未在图中绘出。

西里伯斯东北部的双边架艇（Hickson）[2]

---

[1]　凌纯声：《中国远古与太平印度两洋的帆筏戈船方舟和楼船的研究》，中研院民族学研究所，1970，第128页。

[2]　凌纯声：《中国远古与太平印度两洋的帆筏戈船方舟和楼船的研究》，第133页。

INDIAN ADVENTURERS SAILING OUT TO COLONIZE JAVA.
No. 6. (Reproduced from the Sculptures of Borobudur.)

印度尼西亚婆罗浮屠 6 号浮雕（舷外有与船体连接的浮体）①

　　明代《海运新考》中，曾提到元代罗璧所造的运粮海船，它也以海鸟命名，称海鹏或海鹞，其形制特点看起来与海鹘船有一定相似之处："每船两旁用大竹帮夹，随带楸杉梧桐轻木，一不畏礁，二不畏沙，一任风浪轻浮，若隼翅然，以鹏名者，言其迅捷，有扶摇万里之义。"②

　　这种船两旁用大竹帮夹的形态，有可能是一种防护设施。它可能类似《宣和奉使高丽图经》中记载的"于舟腹两旁缚大竹为橐以

---

① Radhakumud Mookerji, Indian Shipping; A History of the Sea-borne Trade and Maritime Activity of the Indians from the Earliest Times, Longmans, Green and CO.: London and New York, 1912, p. 50.

② 梁梦龙：《海运新考》卷上《成造船式》，第 353 页。

《武经总要》中的海鹘船①

拒浪"②，也可能是连接舷外浮体轻木与船体的辅助杆，还可能是本书第一篇中所说的防水设施，即如《天工开物》中所说的"截竹两破排栅，树于两傍以抵浪"。由于不能确定大竹在船两旁所夹的具体位置，所以其作用尚不明确，但从文意来看，似乎更有可能是上面提到的第一种可能，即后来明清时期所说的"水蛇"设施。而这里提到的"随带楸杉梧桐轻木"，以及"一任风浪轻浮，若隼翅然"，与海鹘船的"舷下左右置浮版，形如鹘翅翼，以助其船。虽风涛涨

① 曾公亮、丁度等：《武经总要》卷11《海鹘》，第10页 a～b。
② 徐兢撰《宣和奉使高丽图经》卷34《客舟》，《文渊阁四库全书》，台湾商务印书馆，1986，史部第593册，第892页。

天，免有倾侧覆"描述非常相似，这很可能说明海鹏（或称海鹞）船与海鹘船一样，也是一种具有舷外浮体的船，由于延伸出的边架艇看起来如同鸟翅，起到平衡作用，因此它们都用海鸟命名，以象征其形态。海鹘船出现的年代较早，而海鹏（或称海鹞）船出现在元代，这很可能是对前代造船传统的继承。这种设施在一些明代海船上很可能依然存在，例如嘉靖年间奉命出使琉球的陈侃就曾提到，在出海之前，有人建议在船边"设桴"，以提高航行安全：

> 大抵航海之行亦危矣，凡亲爱者之虑，靡不周，有教之以舟傍设桴如羽翼者，有教之以造水带者，有教之多备小船者①。

这种在船侧设桴，使其如羽翼一般的描述，很可能说明建议者说的是一种边架艇结构。这种造船传统在中国东南地区长期存在，在凌纯声的《中国古代与印度太平两洋的戈船》② 中，引用早期文献和现代民间调查资料，考证中国早期的边架艇发展形态，叙述其最终转变为腰舵，即披水板，又称下风板，如《天工开物》中介绍：

> 腰舵非与梢舵形同，乃阔板斫成刀形，插入水中，亦不掜转，盖夹卫扶倾之义；其上仍横柄拴于梁上，而遇浅则提起，有似乎舵，故名腰舵也③。

---

① 陈侃：《使琉球录》，第 75 页。
② 凌纯声：《中国远古与太平印度两洋的帆筏戈船方舟和楼船的研究》，第 127～154 页。
③ 宋应星著，钟广言注释《天工开物》舟车第 9 卷《海舟》，第 248 页。

《武备志》中的海鹘船①

《中国古船图谱》中引用的《金汤十二筹》之《海鹘式》②

---

① 茅元仪:《武备志》卷116,第488页。由于原图模糊,现采用凌纯声《中国远古与太平印度两洋的帆筏戈船方舟和楼船的研究》第139页配图。
② 转引自王冠倬《中国古船图谱》,第215页。

李约瑟《中国科学技术史》中有《舷侧披水板和中插板》一节，介绍了此类装置①。其作用如《天工开物》中所说，"船身太长而风力横劲，舵力不甚应手，则急下一偏披水板，以抵其势"。②

海鹘船作为前代战船的典型形象，曾出现在明清文献的各种海船图中，但却在各种图像的流传中逐渐丧失了原本的特征。例如明代的《武备志》中，就可以看到长桌之下的两根木杆已经消失，《中国古船图谱》中收有明代兵书《金汤十二筹》中的一幅海鹘船图，更是直接将其绘制成船侧安放有一块木板的形象，这实际上更偏离了原有的海鹘船特征。

由于海防事业的发展，明朝中后期军事文献出现了许多关于船型的记载，其中一些船型出现于明朝，另一些则很可能是对宋元时期造船传统的继承。为了解这些船型在明代中期之前的演变过程，则需要深入研究其结构特征，以观察它们与早期历史文献中各种船型之间的对应关系。通过对舷外浮体、遮洋等船体组件的分析，可以看到各种船型发展的历史，也可以对明代海船在实用中得以改进的过程，以及各种船型协同作战的理论有更清晰的认识。

---

① 李约瑟：《中国科学技术史》第 4 卷第 3 分册《物理学及相关技术·土木工程与航海技术》，科学出版社、上海古籍出版社，2008，第 678～680 页。
② 宋应星著，钟广言注释《天工开物》舟车第 9 卷《漕舫》，第 240 页。关于明代的披水板，可参考本书第 8 页配图。

与明代航海文献中"更"类似的
几种域外计程单位

在《郑和航海图》《顺风相送》等明代航海指南中，会出现计量单位"更"。它通常代表 2.4 小时，以及在 2.4 小时内船舶所能航行的距离，由此也可以推算出船的航速。如南海渔民们总结传统经验时所说："'刻'与'更'一样，但只指时间，我们渔民用的'更'，既表示时间又表示里程。"① 在从中国到东非的长途航程中，各种海上距离就是用这种计量单位表示的。古代印度洋周边的航海者同样用较短的航行时间来代表路程，他们使用的计量单位是"扎姆"（zam），每 zam 为 3 个小时，如费琅著、冯承钧译的《苏门答剌古国考》中，直接将"扎姆"写作"更"，将《印度珍异记》中的相关记载译作"室利佛逝在蓝无里岛之极端，前已言之。其地距

---

① 韩振华主编《我国南海诸岛史料汇编》，东方出版社，1988，第 430 页。

哥罗一百二十更（三百六十小时行程）"①。在相对精确的计时工具
与测速技术尚未出现之前，记载古代欧亚大陆与海洋地理状况的著
作中，经常使用人们行路或航行的天数来描述大片土地或海洋的范
围，如托勒密在《地理志》中提到的"赫伯尼（Hibernie）岛的宽
度从东到西有二十日的行程"②。这应是当时人们生活状态的直观表
现，因为行路的天数最易于记录和计算。

为了使记录更为准确，计量方式也会具体到更短的时间，同时
描述其距离，由此可以推算出速度，使其成为一种兼具时间、路程、
速度意义的计量方式。例如阿拉伯语中的法尔萨赫（farsakh），就是
"古代伊斯兰地区普遍使用的里程单位，这个单位土生于安息王朝，
并沿用下来，原来指步行一小时的距离，阿拉伯帝国时期一 farsakh
约等于 5.985 公里，今天伊朗一般计算为 6 公里"③，有时它也被解
释为马走 1 小时的路程④，总之时速约为 6 公里。后来这种陆上计程
单位也被用来表示海程，9～10 世纪阿拉伯文献《中国印度见闻录》
中就屡次出现，如称马尔代夫海域岛与岛之间相距两个法尔萨赫，
或三至四个法尔萨赫，以及称南巫里岛（Lambri）"方圆八百到九百
平方法尔萨赫"，"巴士拉距尸罗夫水路一百二十法尔萨赫……尸罗

① 〔法〕费琅著《苏门答剌古国考》，冯承钧译，中华书局，2002，第 117 页。
② 〔法〕戈岱司编《希腊拉丁作家远东古文献辑录》，耿昇译，中外关系史名著译丛，
　中华书局，1987，第 22 页。
③ 韩中义：《民间文献〈中阿双解字典〉研究》，周伟洲主编《西北民族论丛》第 12
　辑，社会科学文献出版社，2015，第 282 页。
④ 许序雅：《唐代丝绸之路与中亚史地丛考：以唐代文献为研究中心》，商务印书馆，
　2015，第 22 页，此页脚注中有关于法尔萨赫（farsakh）一词研究情况的详细介绍。

夫到马斯喀特大约有二百法尔萨赫"①等。岑仲勉曾用这个计量单位考证古代海港位置：

> 据《回教百科词典》，波斯文之法尔桑，即阿拉伯文之 farsa-kh，系一小时马行之路程，标准不一，约介三、四哩之间（哈德曼概言为四哩）。折中计算，一百法尔桑约一千三百里。又帆船顺风，通常每小时约行四浬，每浬当我三里有奇，则四昼夜之行程，亦与一千三百里相近。然《旧唐书》《地理志》固云"其水路自安南府南海行三千余里至林邑"，林邑即占婆，其盛时北界，大约仅抵旧日之富春，由今图观之，海行屈曲，从富春北至河内，已约一千六七百里，此河内说计程之不尽合也②。

在 14 世纪旅行家伊本·白图泰所作的游记中，也可以看到"我们和陆地相距两法尔萨赫"③一类记载，可见其在当时阿拉伯航海者中的普遍应用情形。这种计量方式后来传入中国新疆，所表示的距离也与其起源地相近：

> （在南疆西部）近代一些外文史书中记录了一种计算距离的长度单位叫"法尔萨克"（farsakh），冯承钧在翻译《多桑蒙古

---

① 穆根来、汶江、黄倬汉译《中国印度见闻录》，中外关系史名著译丛，中华书局，1983，第 4、5、7 页。

② 岑仲勉：《中外史地考证：外一种》之《唐代大商港 Al-Wakin》，中华书局，2004，第 382～383 页。

③ 〔摩洛哥〕伊本·白图泰口述，〔摩洛哥〕伊本·朱俎笔录《异境奇观：伊本·白图泰游记（全译本）》，李光斌译，海洋出版社，2008，第 516 页。

史》时将它汉译为"程",相当于4英里或6~7公里。这些都表明南疆西部地区,同中亚一带使用着同样的计量工具和计量名词①。

按照近世英国人罗伯特·沙敖关于新疆的观察记载,法尔萨赫(farsakh)在当地被叫作"塔什"(tash),更像一种计时单位而非长度单位,书中认为它与瑞士人所说的"stunde"相同,后者来自德语,意为"一小时的行程"。但由于行走速度不同,所以相同时间内的行程也不同,在罗伯特·沙敖看来,新疆的平原更加平坦,利于人和马匹行进,因此当地的"塔什"比波斯的farsakh距离更长。他还注意到,一旦走进山丘地带,"塔什"的长度就变短了②。

这个事例体现了在实际生活中,融时间、距离和速度为一体的计量方式相对灵活的使用方式,但有时也会出现需要严格限定速度的情况,一般出现在驿传或行军中,目标是确保不会贻误时机。如张家山汉简《二年律令·行书律》记载:"邮人行书,一日一夜行二百里。不中程半日,笞五十;过半日至盈一日,笞百;过一日,罚金二两。"文后注释对"不中程"的解释是"邮人行书的速度"③,

---

① 纪大椿:《近世新疆通用的计量制度和工具》,马大正、王嵘、杨镰主编《西域考察与研究》,新疆人民出版社,1994,第392页。
② 〔英〕罗伯特·沙敖著《一个英国"商人"的冒险:从克什米尔到叶尔羌》,王欣、韩香译,新疆人民出版社,2003,第300页。
③ 张家山二四七号汉墓竹简整理小组编著《张家山汉墓竹简〔二四七号墓〕:释文修订本》,文物出版社,2006,第46~47页。

这种速度同样包含有时间和路程信息，前者是一日一夜，后者是二百里。当汉代的中国人接触到域外的计量单位时，也会用中国的方式加以阐述，但其代表的具体数值则不相同。夏德在《大秦国全录》中认为，古代中国记载大秦国的里数与西方人旅行记中关于视距里的标准（stadium）相合，他引用《古今度量衡辞典》的考证，说明早期埃及和西亚等地使用的计程单位间均有联系：

> "埃及与叙利亚用 Parasange，而阿拉伯古代用 Mille。阿拉伯的 Milles 相当于 Parasange 的二分之一。"现代的 Farsang，土耳其的 Agatsch，可以分为 3Berri—Parasange 为一波斯字，溯源于古文 farsang，这在波斯今文读为"ferseng"。在阿拉伯语中又变为 farsakh。关于这个字的本源有人提有种种假设。这个字的后半部认为是波斯文 seng，即一块石，这个字可能源出石字，即标识着置于路上以表示距离的石①。

与 farsakh 传入新疆一样，古代的中国人可能也会接触到其中一些计量单位。用帕拉桑（Parasang）表示距离的方式早已见于希罗多德《历史》中，即"领土狭小的民族以寻为单位来测量土地；领土较大的民族则用斯塔狄亚来测量土地；幅员广阔的民族是用帕拉桑来测量土地；幅员极其广阔的民族，则是用斯科伊尼来测量土地了。1 帕拉桑等于 30 斯塔狄亚，而埃及人的长度单位斯科伊尼相当于 60

---

① 〔德〕夏德著《大秦国全录》，朱杰勤译，大象出版社，2009，第 17、60 页。

斯塔狄亚"①。文中提到的"寻"即 fathom，是人们双臂平伸后的长度，与中国航船测量水深时的一种计量单位相同；而"斯塔狄亚"就是夏德提到的视距里，即希腊里（stadium），约 185 米。夏德之所以认为《后汉书·西域传》中的里与希腊的视距里（stadium）相合，是因为其符合希罗多德《历史》中提到的"1 帕拉桑等于 30 斯塔狄亚"的换算方式：

> 《后汉书》谓："人庶连属，十里一亭（亭形之标里石？），三十里一置（休息处）或一堠（《文献通考》及《诸蕃志》）"，在我看来，这一段是用最可能少的字句叙述了境内的军事制度。它表明驿路的里数以置或堠为单位，每单位分为三小距离（即亭），又从而化为三十里。这个制度和罗马制度我没有发现有任何相同之处。意大利的驿路以奥古斯丁所建立的金色里标（milliarium aureum）为起点，沿途凡距离八视距里（相当于一千步）即立一标里柱，并无三分或三十分的区划。古代里数可与《后汉书》的里数比较的，只有亚洲里数，即波斯的 Parasang（以下作波斯里）。自希罗多德时代直至现代，亚洲西部测量道路多用波斯里计算。希罗多德本人明白说波斯里分为三十视距里。

根据以上论证结果，《大秦国实录》中给出了这样的换算方式：

---

① 〔古希腊〕希罗多德著，徐松岩译注《历史：新译本》，上海三联书店，2008，第83页。

1 置或堠 = 1 波斯里（parasang）

= 3 亭或阿拉伯里

= 30 里或"视距里"

由此，夏德认为中国书上所记的里数，必须按西洋古代作者所说的视距里（stadium）去理解①。这个事例体现了古代欧亚大陆交流中，人们对域外计量单位的认识，也说明在理解历史文献中所记载的地理范围时，可能遇到的问题，即如果不能准确分辨各种计量单位的意义，则有可能造成错误理解。如《中亚文明史》中所说，在公元 9 世纪早期，当希腊、叙利亚与印度的天文学与地理学著作被译成阿拉伯文时，人们看到了用希腊里或印度里表示的地球度数值。但由于每个民族描述地球尺寸时，都用本国的计量单位做记录，所以当他们的著作译成阿拉伯文时，就给阿拉伯科学家带来了困扰，以致出现理解偏差②。古代的中国人在接触到其中一些计量单位时也曾加以阐述，如印度里随着佛教文化传入中国，并在相关典籍中屡次被加以解释。古代印度两个驿站之间的距离通常是 40 里，这个计量单位被称为印度里，即"由旬"③（yojana，jojan），也译作"由

---

① 〔德〕夏德著，朱杰勤译《大秦国全录》，第 60～61 页。

② 〔英〕博斯沃思、〔塔〕阿西莫夫主编《中亚文明史》第四卷（下）《辉煌时代：公元 750 年至 15 世纪末——文明的成就》，刘迎胜译，中国对外翻译出版公司，2010，第 165～168 页。

③ 关于由旬这一计量单位的研究，可参考清代俞正燮所著《癸巳类稿》卷 9《由旬义》（俞正燮撰，于石等校点《俞正燮全集》，黄山书社，2005，第 451～453页）；〔日〕足立喜六著《〈法显传〉考证》（何建民、张小柳译，贵州大学出版社，2014，第 81～88 页）；郑炳林、魏迎春：《俄藏敦煌写本王玄策（转下页注）

延"或"逾缮那",据称它代表着不套挽具的牛拉着车舒适行走的
路程距离,在早期的阿毗达摩体系中,一由旬相当于四千㖿,大约
4.5 英里。在后来的时轮体系中,由旬增倍至约 9 英里①。佛教典籍
中对其屡有介绍,如宋代元照《观无量寿佛经义疏》中称其为驿站
间距:

> 由旬亦云由延,亦云逾缮那,西竺驿亭之量。经律所出,
> 远近不定,诸家多取四十里为准②。

此前唐代玄奘曾在《大唐西域记》中解释了为何将四十里设为
一个计量单元,是因为它代表着古代圣王每日行军的距离:

> 夫数量之称,谓逾缮那。逾缮那者,自古圣王一日军行也。
> 旧传一逾缮那四十里矣③。

当人们习惯了使用若干驿站来描述本土路程后,也会用这种方
式描述域外疆土的距离。在公元 4 世纪所撰《世界所有民族的状况》
中,就用"站"来形容各地疆土状况,诸如埃维尔塔人(Eviltae)

(接上页注③)〈中天竺国行记〉残卷考释》(陕西师范大学中国历史地理研究所,西北历史
　　环境与经济社会发展研究中心编《历史地理学研究的新探索与新动向》,三秦出版
　　社,2008,第 32~33 页。)

① 〔英〕罗伯特·比尔著《藏传佛教象征符号与器物图解》,向红笳译,中国藏学出版
　　社,2014,第 273 页。

② 元照述《观无量寿佛经义疏》,毛惕园编纂《净土丛书》第 15 册,福峰图书光盘有
　　限公司,2006,第 506 页。

③ 玄奘、辩机原著,季羡林等校注《大唐西域记校注》卷 2《印度总述·数量》,中外
　　交通史籍丛刊,中华书局,1985,第 166 页。

地区的疆域有三十二站地，迪瓦族（Diva）占据着一片有二百一十站的地盘之类①。明代的马欢在《瀛涯胜览》中记载位于今孟加拉的榜葛剌国时，也称在港口登岸后要"西南行三十五站到其国"②。其实这些地区可能设有驿站，也可能并未设置，或者各地驿站间距不同，但都用"站"来表示距离。

而关于这些距离单位究竟如何测定，从记载来看通常是采用实际步行的方法，如罗伯特·沙敖在测定近代新疆的"塔什"（tash）时，就让其随行者多次用步行和骑马的方式加以推算。当地人声称一个"塔什"是1.2万步，但随行者们步行测算出的结果是1.1万步，如果按照每步28英寸计算，可达近5英里；如果按照每步30英寸计算，则是5.25英里。他们也在马背上做了统计，测算出一个"塔什"有5740个马步，根据噶尔顿（Galton）在《旅行的艺术》一书中所说950马步为1英里，计算下来一个"塔什"为6英里。但罗伯特·沙敖认为马在慢走的时候步子要小一点，所以一个"塔什"的距离可能是5英里左右，相当于人们通常一小时所走的距离，而纬度之差也与这一计算结果一致③。这次测算实践也体现了夏德所说的估算路程时经常出现的问题，即：

古代游记所载的距离不能按直线计算，必须加百分之若干

---

① 〔法〕戈岱司编《希腊拉丁作家远东古文献辑录》，耿昇译，第79~80页。
② 马欢原著，冯承钧校注《瀛涯胜览校注》之《榜葛剌国》，中华书局，1955，第59页。
③ 〔英〕罗伯特·沙敖著《一个英国"商人"的冒险：从克什米尔到叶尔羌》，王欣、韩香译，第300页。

来补实路途的曲折。在这方面，西洋古代的计算距离，亦略同于中国旧法。罗灵逊曾说波斯里（Parasang）及阿拉伯里（farsah）本计时而非计程，因而经历的地方计算常有差异。所以，"对于旅行的距离失之于估高的趋势比失之于过低要常见"，是很自然的①。

对古代文献记载中的计量单位加以辨析，仍是相关研究中值得关注的内容。在早期历史中，这些测量路程的方法常会影响到人们对地球和其他国家位置的认识，而与"更"相似的几种用短时段计量距离的方法体现了不同科学传统的差异，它们之间的传播与借鉴关系也应受到重视。

---

① 〔德〕夏德著《大秦国全录》，朱杰勤译，第60页。

古代中国与印度周边的航海造船技术交流

　　1850 年，任职于印度马德拉斯炮兵部队的康格里夫上尉在《马德拉斯文学与科学杂志》上发表了一篇文章，题为《科罗曼德尔海岸土著航海者实际使用的一些导航、航海和修船的发明方法的简短记录》①。文中介绍了五则当地人航海与修船的方法，它们是与现代不同的古代航海技术，具有很高的史料意义，是一份珍贵的调查报告。科罗曼德尔是中国古籍中著名的注辇国故地，冯承钧在《郑和下西洋考遗》中提到，"注辇人在当时是些大航海家，中世纪时在印度洋中名望很大"②。在这份记录科罗曼德尔本地风俗的报告中，可以看到一些简单却有效的古老方法，它们体现了古代航海者原生态

---

①　Captain H. Congreve（Madras Artillery），"A Brief Notice of Some Contrivances Practiced by the Native Mariners of the Coromandel Coast, in Navigating, Sailing and Repairing Their Vessels", *The Madras Journal of Literature and Science*, 1850, Vol. 16, pp. 101 – 104.

②　冯承钧：《郑和下西洋考遗》，〔法〕伯希和著《郑和下西洋考·交广印度两道考》，冯承钧译，中华书局，2003，第 165 ~ 166 页。

的实用技术，而由于科罗曼德尔位于中西航路中段，从记载中也可以发现与古代中国和阿拉伯航海者常用方法的相似之处。例如郑和下西洋之后，出现在明代航海文献中的流木测速法和过洋牵星术也都出现在这份调查报告中，前者用来定更数与航程，后者用以天体导航。它们丰富了中国古代航海技术的内容，一些衍生而来的方法至少到 20 世纪中期还在使用。从科罗曼德尔海岸的调查报告中，可以看到其中的相似之处，并有助于解释一些相关研究中的问题。

报告中首先介绍的是一种利用星辰高度导航的工具。它的外形和古代阿拉伯航海者使用的 kamal 非常相似，由一块方形木片和打若干结的绳子组成[①]。木片长 3 英寸，宽 1.5 英寸，中心穿过一根 18 英寸的绳子。航海者使用这种工具时，左手持木片，右手拉紧绳子，使木片的上缘和下缘分别对准北极星和海天连接线，当右手所牵的绳子碰到自己的鼻子时，就在绳子与面部接触的位置打一个结。由于每个地方纬度不同，北极星的高度不同，所以绳子上打结的位置也不同，以后需要航行到相关地点时，只要按之前的操作方式，保持北极星的高度与相应绳结始终一致，即可航行到目的地。康格里夫在这一节记述中称每个绳结都代表海岸线上一个著名地点的纬度，但从其使用原理可知，航海者完全不需要知道纬度的具体数值，也不用做任何计算，只需要知道哪个绳结对应哪个地名就可以航行，

---

① 关于这种导航工具的详细分析，可参考陈晓珊《"量天尺"与牵星板：古代中国与阿拉伯航海中的天文导航工具对比》，《自然科学史研究》2018 年第 2 期，第 139 ~ 155 页。

它实际上是一种只有记录功能而没有计算功能的导航工具①。这一节中附有两幅图片，其中第一幅图片描绘了土著航海者手持木片和绳子测量星高的情景，并被李约瑟《中国科学技术史》引用，用以介绍阿拉伯传统导航工具 kamal②。由于 kamal 的制作原理包含三角函数计算的方法，并在一定条件下可以依据绳结所代表的固定纬度间隔计算航船所在地的纬度，所以这幅图片给读者带来了一定误解，使人认为科罗曼德尔海岸的印度航海者使用导航工具的方式与阿拉伯人使用 kamal 相同。事实上，阿拉伯人使用 kamal 时为了符合三角函数计算的原理，需要让木板垂直于绳子，而科罗曼德尔的印度航海者却不需要使其垂直。

调查报告的第二节是一种测量海船航速的原始估算方法，其内容尤为重要，因为它与中国明代之后长期使用的流木测速法相同，而且很可能是后者的直接来源。按照文中的介绍，这种测速方法是：

> 当地海员通过事前实践，知道自己行进的速度，或者说他知道自己在不同的速度下，一个小时分别能走多少英里。他将一块木片从船头投向船外的水中，保持与木片向后流的同样速度走向船尾，然后他记下自己行走的速度，这就等于海船前进的速度。

---

① 关于这种记录地名的 kamal，另见 E. G. R. Taylor, "A Note on the Kamal", *The Journal of Navigation*, 1964, Vol. 17, No. 4, pp. 459 – 460。

② 〔英〕李约瑟：《中国科学技术史》第 4 卷第 3 分册《物理学及相关技术·土木工程与航海技术》，第 624 页。

这种向海中投掷物体以测算船速的方法也出现在中国航海书中，如明代航海工具书《顺风相送》的开头就记载了《行船更数法》：

> 将片柴从船头丢下与人齐到船尾，可准更数。每一更二点半约有一站，每站者计六十里①。

这种计速方法与名为"更"的计量单位配合使用，后者以 2.4 小时中航行的距离计程，是一种融时间、路程和速度为一体的计量单位。在中国古代航海文献中，第一次明确出现用"更"计程是在明代郑和下西洋时期，即随同郑和出使的巩珍在《西洋番国志·自序》中记载的"要在更数起止，计算无差，必达其所"②。而在印度洋上，类似的计量单位早已出现，《印度珍异记》使用 zam，是以 3 小时中航行的距离计程。这种计时方式正与古代印度一昼夜分为 8 个时辰的习俗相同，其用来具体计速的方法很可能就是调查报告中所说的这种测量法。从两种文献的对比中可以看出，中国的流木测速法（或称行船更数法），实际上正与科罗曼德尔的印度航海者所用方法相同。但由于明代航海书中未能写明测速者需要先估算自己的步行速度，导致这种方法流传过程中出现误解，且在明代中期流传尚不广泛，即《江南经略》中所说的"但是术也，得其传者或寡矣"③。后

---

① 向达校注《两种海道针经》之《顺风相送·行船更数法》，中华书局，2000，第 25 页。本文对标点略有改动。

② 巩珍注，向达校注《西洋番国志》之《自序》，中外交通史籍丛刊，中华书局，2000，第 5~6 页。

③ 郑若曾：《江南经略》卷八上《海程论》，文渊阁四库全书本，台湾商务印书馆，1986，子部第 728 册第 444 页。

世一些研究中认为流木测速法的实质是用船的长度除以木片漂过全船的时间，以此计算船行速度，但是从原始文献来看，测速方法中并没有提及全船长度，而且古代海船长度有限，木片漂过全船的时间也相对较短，古人用燃香计时，未必能精确计量出木片漂流的时间，想要根据更精确的时间计算航速，是在沙漏引入航海并采用计程仪之后的事情。

在 20 世纪中后期的社会调查中，记载南海渔民将原有的 2.4 小时为一更的计量单位加以修改，变成了更符合中国人习惯的时辰制，每更两小时。"一天算 12 更船，后船看不见前船桅顶的路程为一更，大约一更合 40 浬。一天可开五更船，看风力大不大，水流怎样，也有一天开 6 ~ 7 更船的。"① 与此相似的是，古代苏格兰和英格兰曾有一种名为 kenning 的单位，意为"海上视距"，可能是从维京人处引进，它表明了在海上能见度很高的条件下，船舶一般可以识别的距离，它通常被认定为 20 ~ 21 英里，也是一种较为模糊的计量单位②。

调查报告的第三节是测海流方向的技术，称当海面比较平静时，用一团灰加水揉成一个球，抛入水中，当其缓慢下沉时灰团就会散

---

① 韩振华主编《我国南海诸岛史料汇编》，第 430 页。

② Commander Alton B. Moody（U. S. Navy Hydrographic Office），Early Units of Measurement and the Nautical Mile, *Journal of Navigation*, 1952（3），p. 264：A More Recent unit was the Kenning of Old Scotland and England, Probably Introduced by the Vikings. This Was the Distance at Which Ships Could be Ordinarily Discerned under Conditions of Excellent Visibility at Sea, and is Generally Taken to be about 20 to 21 Miles——a Somewhat Indefinite Unit.

开，留下一条像彗星尾部一样长且宽的尾巴，随着水流漂散，当水手在上方靠近海面观察时，就能直观看到海流的动态情况。这与调查报告中南海渔民所提及的相关方法完全相同。他们的叙述是"在海中测验水流正常与否，是用炉灰捏成饭团一样，抛入水中，看其溶解程度如何，若果炉灰团只溶解一点点就沉下去，则水流正常。若炉灰团很快溶解或被冲走，则水流不正常，此时就要从中窥测水流方向"[①]。

各种古老的方法很可能出现在世界很多地方观测海流的技术中，如19世纪的欧洲海船上使用的技术，向海中投木片而不是投灰团，看起来像是调查报告第二节中流木测速法的衍生：

> 从大船派出小船测量海流的方法是这样的：从小船上抛掷一件比重较大的物体，一般是用一只铁壶到水深二百呎的地方。海流在水深十呎以下就将失去力量，因此铁壶对于这只小船就起了一个锚的作用，而小船就固定在海面不动了。然后再从小船上向海面抛掷任何一种轻的受不到风力冲激的又平又薄的物体。由于它不会受到风力，因此只要它移动，那就是海流的力量。根据这件物体移动的方向和速度，我们可以把海流的方向和速度测量出来[②]。

在科罗曼德尔调查报告的第四、五两节中，介绍了修船时调整

---

① 韩振华主编《我国南海诸岛史料汇编》，第414页。
② 〔英〕斯当东著《英使谒见乾隆纪实》，叶笃义译，上海书店出版社，1997，第113页。

水位的两种方法。第一个方法是要把船抬高，即当海船停泊后，使其漂入一个与海相连的水池中，随后切断水池与海水之间的连通口。这个水池被高耸的泥岸环绕，人们将泥土填入水池中，抬高池中水位，直至船体高于相邻的海面时，水被排出，船头和船尾底部各架起一道横梁，这样船体就被安放在地面上。

第二个方法是要让船降低，即使用四组缆绳，每一组都盘绕成坚固的圆锥体形状，圆锥体分若干层，用缆绳一圈圈盘绕成的层之间用泥沙分隔开，使其互不接触。四组缆绳制成的锥体分别被放置在左右舷的前后底部，用来支撑船体，当四组缆绳被慢慢从底部分层撤出时，船体也随之下降。这类方法令人想起沈括《梦溪笔谈》中记载的北宋熙宁年间，黄怀信用船渠修船法修理金明池中大龙舟船腹的故事：

> 国初，两浙献龙船，长二十余丈，上为宫室层楼，设御榻，以备游幸。岁久腹败，欲修治，而水中不可施工。熙宁中，宦官黄怀信献计，于金明池北凿大澳，可容龙船，其下置柱，以大木梁其上，乃决水入澳，引船当梁上，即车出澳中水，船乃笫于空中；完补讫，复以水浮船，撤去梁柱，以大屋蒙之，遂为藏船之室，永无暴露之患[1]。

黄怀信应是当时较为知名的从事技术工作的宦官，与治理黄河的程昉类似。王安石变法时，黄怀信曾献制工具"浚川杷"，用以治

---

[1] 沈括撰，胡道静脚注《新校正梦溪笔谈》之《补笔谈》卷2《权智》，中华书局，1957，第313页。

理黄河泥沙沉淀现象，虽然最终未能解决问题，但其设计思路却长期流传，并为后世黄河治理技术起到了借鉴作用：

> 初，选人李公义建言，请为铁龙爪以浚河。其法用铁数斤为爪形，沉之水底，系絙，以船拽之而行。宦官黄怀信以为铁爪太轻，不能沉，更请造浚川杷。其法以巨木长八尺，齿长二尺列于木下，如杷状，以石压之，两旁系大絙，两端矴大船，相距八十步，各用革车绞之，去来挠荡泥沙，已，又移船而浚之①。

中国与域外的海上交流早已开始，公元前地中海地区使用的测深铅锤②，在宋代已经屡见于《宣和奉使高丽图经》③ 等文献记载，两者使用的长度计量单位"fathom"和"托"意义也相同。而中国与印度之间的文化交流很早也已开始，尤其是佛教的传入，带来了一些包含印度因素的舟船文化特征。在敦煌石窟壁画中有大量舟船形象，据王进玉在《敦煌文物中的舟船史料及研究》④ 一文中统计，包括舟船形象的壁画涉及莫高窟、榆林窟、西千佛洞等 50 余座洞窟，时间从北周、隋、唐、五代直到北宋、西夏时期，共 70 余幅壁

---

① 司马光撰，邓广铭、张希清点校《涑水记闻》卷15，唐宋史料笔记丛刊，中华书局，1989，第 295～296 页。

② John Peter Oleson："Testing the Waters：The Role of Sounding Weights in Ancient Mediterranean Navigation"，*Memoirs of the American Academy in Rome* Supplementary Volumes，2008，pp. 117 – 174.

③ （宋）徐兢：《宣和奉使高丽图经》卷 34《客舟》、《黄水洋》，景印文渊阁四库全书，台湾商务印书馆，1986，史部第 593 册第 892、895 页。

④ 王进玉：《敦煌文物中的舟船史料及研究》，《中国科技史料》1994 年第 3 期，第 75～82 页。

山西省高平开化寺北宋《善事太子入海品》壁画

画，100 多只舟船，包括飘板、椭圆形船、无帆小船、帆船、楼船、双尾船等船型。其中有很多同时体现出中国和域外船舶的特点，其中以印度因素最为明显。敦煌壁画中的帆多是带有纵向条纹的长条形布帆，而不是中国传统海船上典型的中式硬帆，壁画中的布帆常在风的作用下弯成各种弧度，表现船只前行的情景，李约瑟《中国科学技术史》中认为这种"鼓满风的横帆尤其不是中国式的，而是适用于恒河的船只"[1]。它们和古代印度图画中的船帆有一定的相

---

[1] 李约瑟：《中国科学技术史》第 4 卷第 3 分册《物理学及相关技术·土木工程与航海技术》，第 502 页。

似之处，有时还会类似一些文献中的古希腊船帆形象。在中国古代佛教题材的绘画作品中，这种布帆多次出现，例如山西省高平开化寺北宋《善事太子入海品》壁画中的船就是带有相似纵向条纹的布帆[①]。

山西繁峙岩山寺的金代佛教故事壁画《航海遇难图》[②]中，海船上也有类似敦煌壁画中带有纵向线条的布帆形象。

山西省繁峙岩山寺金代壁画《航海遇难图》

① 康明章主编《山西古代壁画精品图说（中英文本）》，山西人民出版社，2008，第72页。
② 王朝闻总主编，徐书城、徐建融（卷主编）《中国美术史·宋代卷》（下），齐鲁书社、明天出版社，2000，第155页。

这种现象提供了若干可能性，一方面，它可能是佛教题材绘画中的一种固定模式，用来表现佛教世界中的海洋场景；另一方面，这种狭长的布帆可能是当时中国内陆水系中船舶的常见装置，因为后世一些反映现实生活的绘画作品中也有类似的帆，如明代谢时臣《高江急峡图》[1] 中的江船上，似乎就是这种布帆。《乾隆南巡图》中有许多张起布帆的类似江船，帆色调是白色竖条，但不如佛教壁画（如敦煌壁画等）中鼓满风的布帆弧度大。《中国科学技术史》中还介绍了 20 世纪早期钱塘江中运木船上的帆船照片，帆被风吹起的弧度不大，也有类似的相间竖条色块，书中认为这是"中国船中少数使用横帆的一种"[2]。照片中的桅杆似是从帆中穿过，风将帆吹到桅杆前方，下桁则在桅杆后方，尾部两角分别引出两根绳子，系在船尾两侧。

《中国科学技术史》中还提到了两例帆的形象，它们看起来面积更大。成都万佛寺南朝浮雕中的船[3]，其帆面较宽，与古代印度美术作品中的船帆有更多相似之处，李约瑟书中描述其情状是"桅杆向前倾斜，阵阵和风把一张比例相称的横帆吹得鼓鼓的"。并说明"如果认为所有这些船都是真正的中国船，则可能与其他史证相抵触，因为古代中国船以具有撑条硬席帆而著称。很可能这两种类型的帆同时存在了几个世纪；即使连从未受到过外界影响的传统的中国船

---

① 徐湖平、刘建平主编《明代山水画集》，天津人民美术出版社，2000，第72页。
② 李约瑟：《中国科学技术史》第 4 卷第 3 分册《物理学及相关技术·土木工程与航海技术》，第 507 页，图 971。
③ 中国古迹遗址保护协会石窟专业委员会、龙门石窟研究院编《石窟寺研究·第 1 辑》，文物出版社，2010，第 102 页。

上，也并非都未使用过软横帆，那么这种船就完全可能成为绘制这些船图的原型。宋代的绘画上时而还有这种帆，不过随着岁月的流逝，它们逐步为典型的平面斜桁四角帆所取代"①。

成都万佛寺六朝石刻帆船

结合各种图例来看，竖条帆应当也是中国传统风帆外观之一，直到清代以至晚近时期还一直存在，很可能主要是应用在内河航行中。这种竖条帆的特点是多数具有上下桁，上桁都挂在桅杆上，下桁的情况则相对复杂，有的同样挂在桅杆上，有的从下桁两角分别用两根绳子系在船舷两侧，还有的不具备下桁，直接将竖条帆底部打结，系在桅杆或船体上。《中国科学技术史》中介绍的另一种帆的形象来自一面唐代的铜镜，在铜镜背面的图案中，一艘船同样张起布制风帆。书中认为图中的场景是船行驶在海面上，并认为"桅杆

① 李约瑟：《中国科学技术史》第 4 卷第 3 分册《物理学及相关技术·土木工程与航海技术》，第 504～505 页。

的左右支索完全不具中国特色"①。书中还称曾经看到两面雕有船图的青铜镜，这是其中之一，并称两面铜镜的风格极为相似，因此认为画面中描述的是铜镜的所有者在朝圣或者出任钦差的途中，所经历的险情。但从两幅画面相似的情况可以推测，这乘船的场景可能只是一种惯例式的表现方法，未必两个人有同样的经历，而即使鼓满风的横帆上写着监察御史的名字，也不一定就能认定这场景表现的是这位官员的事迹，它也可能只是便于在风帆上署名，类似于今日"一帆风顺"之类的吉祥寓意。这里的场景描述的未必是现实中的状态，它可能只是一种装饰画，画中表现的是佛教中与海洋相关的内容，它们通常以相似图案的方式出现，甚至可能在初创时就已带有域外美术因素。

　　敦煌壁画中出现了操纵船行方向的属具，但还没有真正的转轴舵。其中典型的是莫高窟第45窟的海船壁画，其船尾部"有一船夫把棹掌握航向，此棹有舵的作用，但只能在江河湖泊中使用"②。这可能是因为它们的原型来自河船，也可能是因为时代较早，真正的船尾舵技术尚未普及，所以也没有在图画中反映出来。中国内河中确定使用船尾转轴舵的时间在唐开元年间（713～741年），郑虔的一幅山水画中展现了转轴舵的形象③，但舵在中国的全面普及还需要一段时间。

---

① 李约瑟：《中国科学技术史》第4卷第3分册《物理学及相关技术·土木工程与航海技术》，第508页，图972。

② 敦煌研究院主编，马德卷主编《敦煌石窟全集·26·交通画卷》，上海人民出版社，2001，第115～116页。

③ 顾炳辑、徐叔回校刊《历代名公画谱》，广西师范大学出版社，2001，第15～16页。

莫高窟第 45 窟的海船壁画

郑虔所作山水画中的转轴舵

在古代印度流传下的船舶资料中，也普遍可以看到尾桨，如《印度的船》一书中附有四幅公元 2 世纪时印度安得拉邦的银币图案①，上面均有船舶形象，其中第一幅看似有舵，但结合第二幅图来看，船尾呈勺子形状的应是操纵桨，第一幅图是因为观察视角为船舶左前方，所以视线受到阻碍，桨柄被遮掩，只能看到圆形桨尾，所以给人以舵的错觉。

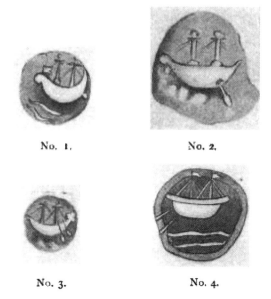

ANDHRA SHIP-COINS OF THE SECOND CENTURY A.D.

公元 2 世纪时印度安得拉邦的银币图案

印度尼西亚爪哇岛上的婆罗浮屠（borobudur）是一座建造于公元 8～9 世纪的佛教建筑，其中有六件浮雕，体现了早期印度人从海

---

① Radhakumud Mookerji, Indian Shipping: A History of the Sea – borne Trade and Maritime Activity of the Indians from the Earliest Times, p. 51.

上移民印度尼西亚的事迹。在《印度的船》一书中解读的六幅婆罗浮屠雕刻里，有形制较为复杂的大船和相对简单的小船，但总体都比敦煌壁画中呈现的船舶形象更为具体。这可能是因为当地距离海洋较近，浮雕作者们熟悉海船形象，而敦煌则地处西北腹地，壁画作者们只见过内河船只。在情节展现方面，敦煌壁画与婆罗浮屠的浮雕同样丰富，前者描绘佛教题材，有海上遇风、入海、救险等情景，后者也有2号浮雕的救生场景和4号浮雕里的捕鱼场景等。为了表现航海环境，婆罗浮屠浮雕里使用水流纹表现风来的方向，用树和柱子作为间隔，将不同内容的浮雕内容区分开来。在敦煌海船题材的壁画中，除船舶之外的景物里也常能明显看到域外佛教艺术的特征，例如莫高窟隋代第420窟窟顶东坡的壁画中①，船上的人身高相似、并排坐满船身的表现方式，与阿旃陀绘画风格相仿，水中鳄鱼等张开大口的海怪形象常出于船的斜下角（其中又以船行方向居多），也与婆罗浮屠2号浮雕很相似。

通过这些船和海洋的形象，可以想见古代海上交通的情形。虽然浮雕是静态作品，但通过其中的细节，依然可以看到帆船在海面上航行，似有暴风雨等恶劣天气，并有领航员、弄帆的水手和驾船者们行动的场景。《印度的船》中分析婆罗浮屠第5号浮雕中，表现的应是一艘遇险的大船和救生船，这和《法显传》中记载海船随带小船、在遇险时用其施救乘客的情形比较相似②。书中也认为，虽然

---

① 敦煌研究院主编，马德卷主编《敦煌石窟全集·26·交通画卷》，第82页。

② 法显撰，章巽校注《法显传校注》，《中外交通史籍丛刊》，中华书局，2008，第142页。

INDIAN ADVENTURERS SAILING OUT TO COLONIZE JAVA.
No. 2. (Reproduced from the Sculptures of Borobudur.)

印度尼西亚婆罗浮屠 2 号浮雕①

敦煌莫高窟隋代第 420 窟窟顶东坡壁画

---

① Radhakumud Mookerji, Indian Shipping; a History of the Sea – borne Trade and Maritime
Activity of the Indians from the Earliest Times，p. 46.

爪哇距离印度很远，但婆罗浮屠浮雕表现出了明显的印度文化特征，浮雕内容里张满帆的船舶和乘客们反映了公元初年印度人移民爪哇的历史①，从侧面说明了印度文化在当地的传播。

敦煌壁画中还展现出了其他一些船舶形象特点，例如双尾船的大量出现，它体现了中国古代并两船而成的"方舟"船舶特征②，与山东平度县隋代双体独木舟③有一定相似之处。另一些壁画中的船被认为是平底的沙船船型，其特征与古代一些其他地区的船舶有相似之处。周世德《从宝船厂舵杆的鉴定推论郑和宝船》中引用邓耐利（I. A. Donnelly）所著的《中国帆船》（*Chinese Junk*）一书称："北直隶船（即沙船），或许是中国航海帆船中最老的船型。和它非常相似的船舶在印度的阿旃陀（Ajunta）的洞穴中和印尼鲍罗鲍多爱尔（Boro Bodoer）的古老寺院中可以找到。直到1903年，这种性质的中国船舶在新加坡还经常看到。"④ 古代各文明的美术作品中，常能反映当时船舶的实际形象，例如印度洋地区长期存在的线缝船，即船板不用铁钉固定，而是用绳子缝合捆扎而成者，在古代印度和

---

① Radhakumud Mookerji, Indian Shipping; A History of the Sea – borne Trade and Maritime activity of the Indians from the Earliest Times, p. 45.

② 关于方舟的研究，可参考王进玉《敦煌学和科技史》第13章《敦煌文物与舟船研究》中的相关内容（甘肃教育出版社，2011，第474~479页）；凌纯声《中国远古与太平印度两洋的帆筏戈船方舟和楼船的研究》之五《中国古代与太平洋区的方舟》（第155~168页）。

③ 席龙飞著《中国造船通史》，海洋出版社，2013，第19页。

④ 周世德：《从宝船厂舵杆的鉴定推论郑和宝船》，郑和下西洋600周年纪念活动筹备领导小组编著《郑和下西洋研究文选1905~2005》，海洋出版社，2005，第608页。

阿拉伯的美术作品中就有写实体现。胡拉尼在《古代和中世纪早期的阿拉伯航海业》中举了两个典型的例子，一个是来自公元前 2 世纪印度桑吉（Sanchi）的雕刻①，另一个是来自 13 世纪的阿拉伯细密画，哈利里的麦卡玛特（al – Hariri's Maqamat）的插图②。在这两

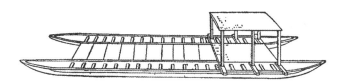

山东省平度县隋代双体独木舟

公元前 2 世纪印度桑吉雕刻中的船

---

① Radhakumud Mookerji, Indian shipping; a history of the sea – borne trade and maritime activity of the Indians from the earliest times, p. 32.

② George Fadlo Hourani, *Arab Seafaring*: *In the Indian Ocean in Ancient and Early Medieval Times*, Princeton University Press, 1951, p. 92.

13 世纪阿拉伯细密画中的海船

件作品中，线缝船木板之间的缝合痕迹清晰可见。这种造船方法与
中国人以钉固定船板的方法有明显差异，敦煌榆林窟元代第 3 窟东
壁的双尾船图像中，"每一枚铆钉都描绘得非常清晰"[①]，体现了中

---

① 敦煌研究院主编，马德卷主编《敦煌石窟全集·26·交通画卷》，第 95 页。

国古船的本土特征。

除此之外，桅杆、帆索、舷外浮体等元素也在相关壁画、浮雕中出现。它们不仅表现了古代中国与印度、阿拉伯、欧洲等地的交流，也体现了西太平洋航海活动中的一些特点，值得更深入地关注与研究。

从保寿孔与桅下硬币看古代欧亚间
造船文化的传播

"保寿孔"是中国古代的一种造船习俗，即在船的龙骨上挖出小孔，其中放置若干铜钱，用以祈求航行平安。这种现象在中国多地出土的古代海船中出现，时间从宋代开始，风俗延续至今。而英文中有 "coin under the mast"，即 "桅下硬币" 之意，指造船时在桅座中放置硬币，同样是用以祈求幸运与平安。这种情形在欧洲多地古代沉船中出现，时间从公元前 2 世纪开始，其风俗同样延续至今。此前国内各种古船出土报告中常记载这类现象，也有国外研究者对欧洲古船中出土罗马硬币的情况加以探讨①，但尚未见有文章探讨二者之间的联系。从出土实物来看，这类出现在古代中国与欧洲的相

---

① Henning Henningsen，"Coins for Luck Under the Mast"，*The Mariner's Mirror*，Vol. 51，1965（3），pp. 205 – 210；Deborah N. Carlson. "Mast – Step Coins among the Romans"，*The International Journal of Nautical Archaeology*，Vol. 36，2007（2），pp. 317 – 324.

似习俗有可能是历代海上交流中形成的文化传播现象，本文将对此做一分析。

西方船舶中的祈愿硬币风俗

Lionel Casson 在《古代世界的船舶与航海技术》（*Ships and Seamanship in the Ancient World*）中提到，古人在将桅杆安放到龙骨上时，经常将一枚硬币放进桅杆座里，用来祈求幸运[①]。较早引起人们对这种现象关注的事件，是 1963 年时，英国伦敦泰晤士河岸出土一艘铁器时代的古船，被称为黑修士（Blackfriars）古船。这条船"长 18 米、宽 7 米，据其相关的陶器测定它是公元 2 世纪的古船……黑修士古船的桅杆基座上有一罗马硬币……从某种程度上看，黑修士古船和新盖伊之家（New Guy's House）古船可能进行航海活动，至少可冒险驶出泰晤士河口"[②]。

黑修士古船桅杆基座上的罗马硬币引起了研究者们的注意。1965 年，Peter R. V. Marsden 据此撰文《船中的幸运钱币》（"The Luck Coin in Ships"），发表在《水手之镜》（*The Mariner's Mirror*）上，讨论造船过程中在桅杆下放置"幸运钱币"（luck coin）的现象，文中列举了包括黑修士古船在内的共 3 艘在 20 世纪 60 年代初

[①] Lionel Casson, *Ships and Seamanship in the Ancient World*（Princeton University Press, 1971）, p. 232.

[②] 〔英〕理查德·A. 古尔德主编《考古学与船舶社会史》，张威、王芳、王东英译，山东画报出版社，2011，第 92 页。

发现有幸运钱币的古代沉船，一艘是 1962 年 6 月在地中海的法国海岸发现的罗马商船，其龙骨的桅杆基座位置有一枚硬币，这枚硬币铸造于公元前 217 年，但沉船自身时间被确定为公元前 1 世纪。第二艘是黑修士古船中的硬币，为图密善（Domitian）帝国时期，铸造于公元 88~89 年的罗马。第三艘船是 1963 年 11 月，在地中海法国海岸的旺德尔港（Vendres）发现的一艘沉船，其桅杆基座里有一枚君士坦丁大帝时期的硬币，公元 4 世纪早期铸造于伦敦。综合这些现象，文中认为这种造船习俗在罗马时期已经出现，桅杆下放置的硬币也可以作为沉船断代的依据[1]。

同在 1965 年，Henning Henningsen 作《桅杆下的幸运硬币》（"Coins for Luck Under the Mast"）一文[2]，也发表在《水手之镜》上。这篇文章在《船中的幸运钱币》一文基础上，讨论了更多关于古代沉船中幸运硬币的例证，如 1836 年，在英国的彭赞斯（Penzance）附近发现一艘沉船，折断的桅杆碎片下有一枚罗马时代的硬币[3]。2007 年，Deborah N. Carlson 在 The International Journal of Nautical Archaeology（《国际海洋考古学杂志》）上发表 "Mast-Step Coins among the Romans"（《古罗马的桅下硬币》），文中列举了 13 艘发现有桅下硬币的古代沉船，其中 8 艘出土于法国，3 艘出土于意大利，另外 2 艘分别出土于西班牙和英国，年代从公元前 2 世纪直

① Peter R. V. Marsden, "The Luck Coin in Ships", *The Mariner's Mirror*, Vol. 51. 1965 (1), pp. 33 – 34.

② Henning Henningsen, "Coins for Luck Under the Mast", *The Mariner's Mirror*, Volume 51, 1965 (3), pp. 205 – 210.

③ Henning Henningsen, "Coins for Luck Under the Mast", p. 205.

到公元 4 世纪。按照年代和地理区域分布，文章认为这种历史传统是由罗马人传播开来的①。

这种习惯不只存在于古罗马，也在后世长期存在，《桅杆下的幸运硬币》中介绍了许多事例：1933 年，瑞典发现一艘维京时代初期的船，桅座上有个几厘米深的圆洞，虽然洞中空无一物，但看起来似乎是用来放驱邪物的，人们认为那原本很可能是一枚硬币。卡特加特海峡中古老沉船的桅杆下发现了几枚硬币，保存在丹麦的吉勒莱厄（Gilleleje）博物馆，其中包括一枚 1573 年的瑞典硬币、一枚 1664 年的丹麦硬币，以及两枚印度硬币。丹麦航海博物馆保存有从破船中取出的几枚硬币，例如一艘古老的格陵兰商船的桅杆下有六枚硬币，材质分别为银、铜和青铜，最早的铸造于 1809 年，最新的铸造于 19 世纪末期②。

在西方古船中，一根桅杆下可以放置一枚或多枚硬币，也可以将硬币同时放在一根或多根桅杆下。除桅座之外，按照挪威和丹麦的传统，还可以把硬币放在主桅或后桅的桅帽上。有一种丹麦传统认为，把硬币缝在风向标里，会为船带来顺风。在德国和丹麦一些没有桅杆的小船上，硬币被放在龙骨和艏柱之间，或者龙骨和艉柱之间③。一些有桅杆的帆船上也沿袭这种做法，例如在复制 18 世纪来华的瑞典著名远洋木帆船"哥德堡号"时，就沿用了这种风俗，

---

① Deborah N. Carlson，"Mast – Step Coins among the Romans"，*The International Journal of Nautical Archaeology*，Vol. 36，2007（2），p.319.

② Henning Henningsen，"Coins for Luck Under the Mast"，pp. 205 – 206.

③ Henning Henningsen，"Coins for Luck Under the Mast"，p. 207.

当时的报道称:

> 这整根龙骨长 33.5 米,是用长达 2 米的大铆钉连接三根树龄 200 岁左右的、直径 5 米以上最结实的橡木制成的。按照瑞典造船业的传统,人们在这根龙骨的两个连接处镶嵌了两枚硬币。前面镶嵌的是一枚 1995 年的硬币,那是哥德堡号再造的年份;后面镶嵌的是一枚 1745 年的古钱币,那是哥德堡号上次从中国返回瑞典的年份。工程师们试图用古老传统的方式把历史和未来紧紧地联系在一起[①]。

将硬币安放在龙骨两端有一种益处,就是可以减少硬币被盗走的风险。如《船中的幸运钱币》所说,当木帆船上的桅杆被放倒时,桅座上的硬币有可能被盗走,但安放在龙骨和艏柱、艉柱之间的硬币却很安全[②]。《桅杆下的幸运硬币》中则描述了造船者的生活状态:在维修木船时,需要把旧有的硬币放回去,再加入一些新的硬币。在此过程中,修船者通常是亲自将硬币取出,以防止木匠和学徒把硬币盗走,或者将其换成面值更小的硬币——这些人显然没有那么虔诚的信仰,他们更愿意拿这些钱去买白兰地。在修造渔船时,船主会随身携带这些硬币,再亲自把它们放到桅杆下[③]。

---

① 魏辉著《揭秘哥德堡号:一个中国记者的“哥德堡号”情结》,羊城晚报出版社,2006,第 101 页。

② Peter R. V. Marsden, "The Luck Coin in Ships", *The Mariner's Mirror*, Vol. 51, 1965 (1), p.34.

③ Henning Henningsen, "Coins for Luck Under the Mast", p. 206.

关于放置硬币的习俗有很多种，一般认为硬币应该用金、银这样贵重的金属制作，越精美越好，实际上很多硬币是铜或者青铜材质。在英国的船中，本来应该在桅下放置一英镑金币时，结果也经常会用一英镑纸币来代替。为了防止铜质硬币氧化，放硬币之前要先在孔里装满油脂，有时会用帆布把硬币包起来，或者把它们浸在沥青里。那些带有国王或总统肖像的硬币应当正面朝上（亦即脸朝上）放置，德国的一种习俗认为外国货币比本国货币更好，于是，在吕根岛（Rugen Island）上，英国硬币和丹麦硬币被认为优于德国硬币。人们认为"7"是一个幸运数字，因此觉得 1777 年铸造的硬币最好。在德国一般认为硬币越古老越好，但是在另一些地方，人们认为应该使用与造船同一时代的流通货币①。

2013 年，在美国著名 19 世纪捕鲸船查尔斯·摩根号（Charles W. Morgan）的重修过程中，也举行了树立桅杆并安放桅下硬币的仪式。这是世界上仅存的一艘木质捕鲸船，于 1941 年来到康涅狄格州梅斯迪克港（Mystic）的美国与海洋博物馆（the Museum of America and the Sea）。按照传统，船的三根桅杆下面都安放了硬币。这些硬币分别铸造于 1841 年、1941 年和 2013 年，分别代表着船最初下水的时间、抵达梅斯迪克港的时间，以及当前修复的时间。人们相信这会给船本身和船员带来好运②。

除了硬币，人们还会在船中放置其他种类的物品。造船的人们

① Henning Henningsen, "Coins for Luck Under the Mast", pp. 207 – 208.

② Michael Melia, "Stepping of Masts Set for Conn. Whaling Ship", *AP Regional State Report – Connecticut*, 2013.

有一种信仰，即被放入船体的物品，会将其自身特质加于船身，赋予船灵力。例如在 1760~1765 年间的英国朴茨茅斯，有人在破船的龙骨中看到了一个装着水银的小瓶，之所以用它取代银币，是因为人们认为这能赐予船水银般的活力和速度。在 19 世纪初孟买制造的三艘英国船中，银质的钉子被放在了艉柱和龙骨之间或者前桅根部，同时还会举行宗教典礼。在德国、荷兰、比利时和斯堪的纳维亚有一种广为人知的传统：在船中放一小块曾经被盗走的木塞或者木板，就会赋予船盗贼般的属性——快速移动，尤其是在夜间。一枚被盗走的钉子或者铁会有同样的功效，而且钢铁更能对抗巫术。丹麦的安霍尔特岛上有一艘 19 世纪时失事的木船，岛上的居民用船留下的木料造了一艘小艇，据说当人们驾驶小艇航行时，有时会有一只鸽子飞向他们，警告暴风雨即将来临——这是由于当初那艘失事的木船在建造时，曾将一块鸽子的骨头嵌进龙骨里，于是鸽子就成为那艘船的灵魂①。

一般认为，把硬币放在桅杆下面是为了祈求幸运，它意味着船上永远有金钱，也被认为可以带来财富和收益。为了让船主挣到更多钱，船舶必须做一场快速而有利可图的旅行，因此硬币代表着顺风、速度和好运，对于更小的渔船而言，则是捕到更多的鱼。人们认为，白银格外拥有一种避免灾难的力量，所以银币可以保护船舶对抗所有的不幸，例如巫术和魔眼（evil eye），以及逃过沉没的危险，甚至精确地躲过闪电，因此无论是船主还是水手们都会通过这

---

① Henning Henningsen, "Coins for Luck Under the Mast", pp. 208 – 209.

种习惯获益。还有一种解释认为桅下硬币是呈给这艘船的祭品，或是呈给用来制造桅杆的那棵树的灵魂。一些人认为它是给风的献祭品，但《桅杆下的幸运硬币》的作者认为这种解释很牵强，因为硬币不需要被扔到大海里作为牺牲。还有一些作者主张这种风俗的起源是当船失事时，即将死去的船员们会将这些硬币扔入水中，作为通过冥河时给摆渡者的报酬，就像放入逝者口中的古希腊银币①。

这种习俗在近现代西方造船文化中依然存在，例如在英国，无论在木帆船制造中还是拥有现代钢铁发动机的船舶和渔船制造中，都能看到这种现象。在美国，宪法号（Constitution）战舰的桅杆下也发现了几枚硬币。1934 年建造新奥尔良号（New Orleans）时，在前桅和主桅下放置了若干硬币。在 1951 年的圣弗朗西斯科，谢尔顿号（Shelton）驱逐舰上安装了一根新桅杆，由于没有当年发行的银币，就使用了一枚 1950 年的代替。1959 年，两艘丹麦军舰在奥尔堡港口维修时"根据古老的帆船传统"放置了桅下硬币，其中一艘船将一枚 20 克朗的金币安放在了主桅下。这种放硬币的风俗在现代的游艇上依然沿用，在德国和波罗的海国家的大船和小艇上都能看到，在挪威、瑞典和芬兰也都流行着同样的习惯②。

中国古船中保寿孔出现的位置分析

在设有保寿孔的中国古船中，最著名的是 1974 年泉州湾后渚港

---

① Henning Henningsen，"Coins for Luck Under the Mast"，p. 208.

② Henning Henningsen，"Coins for Luck Under the Mast"，pp. 206 – 207.

出土的南宋海船，船中保寿孔排列呈"七星伴月"状，结合海上航线展现了祈福意义。后来整理出版的海船发掘报告中详细记述了船上保寿孔的形态和寓意：

> 主龙骨两端横断面均挖有象征吉祥的"保寿孔"（这是闽南的俗称），它的断面上下两部分，上部有七个小圆孔，径2.5厘米，深2.8厘米，内各放置一枚铜钱或铁钱，诸小圆孔之间，夹有一个10厘米×20厘米的长方形孔，内有灰黑土状物，似是放置物已经腐朽的遗迹。下部有一个大圆孔，径11厘米，深2厘米，内各放铜镜一面。
>
> 前"保寿孔"的小圆孔各放铁钱一枚，表面有树叶纹残状，没有钱文。后"保寿孔"小圆孔放北宋铜钱共十三枚，其中"祥符元宝"二枚；"天圣元宝"一枚；"明道元宝"一枚；"皇宋通宝"一枚；"元丰通宝"一枚；"元祐通宝"二枚；"政和通宝"三枚；"宣和通宝"二枚。前保寿孔铜镜直径1.02厘米①，厚0.17厘米，重79克；后保寿孔铜镜直径10厘米，厚0.15厘米，重31.5克。均无柄无钮，正面光滑，背面似饰以花纹，边缘有环状隆起线条。
>
> "保寿孔"排列形状，上部七个小圆孔状若北斗星；下部大圆孔为满月形。造船工人说这是象征"七星伴月"，或说前者象

---

① 此处关于前保寿孔中铜镜的直径数字有误，实际应为10.2厘米，详见泉州湾宋代海船发掘报告编写组《泉州湾宋代海船发掘简报》，《文物》1975年第10期，第2页。

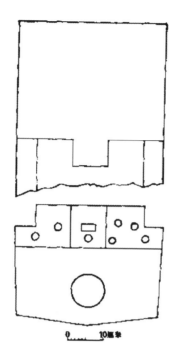

泉州湾南宋海船龙骨"保寿孔"图

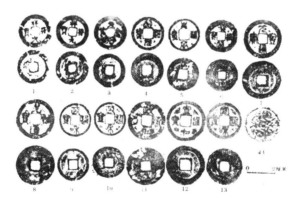

泉州湾南宋海船龙骨"保寿孔"出土铜、铁钱拓片

征七星洋，后者象征大明镜，寓有明镜照明七星洋的暗礁险滩，使船安全航行之意。这种做法是福建古代造船的传统，至今闽

南一带民间造船仍有沿用①。

泉州湾南宋海船上的保寿孔充分体现了中国本土的风俗特征。它与欧洲造船习俗中桅下放置硬币的最大区别在于，保寿孔位于龙骨上，桅下硬币则在桅杆基座里。然而从中国古船出土的情况来看，这种风俗很可能经过演变，因为在早期的唐代古船遗迹中，尚残存有铜钱置于桅杆下的情形。

中国早期海船出土并不太多，目前所见年代较早的有 1979 年 11 月，上海浦东川扬河开掘过程中发现一艘古代木船②，残长 14.5 米，估计原长度在 18 米左右，其结构代表了从独木舟向木板船演变过程中的一种船式。据《川扬河古船发掘简报》介绍，这艘古船桅下板的特点为"板成凹字形，凹口可能起樯眼作用。板横长 1 米，纵宽 50 厘米、厚约 5 厘米。凹口向后，宽 22 厘米、进深 30 厘米。用左右各两排平行铁钉固定在船底上。在凹口上方开四个不规则的长方形小孔，孔内涩面粗糙，其中一孔内发现'开元通宝'一枚，另一孔出半枚。未见用油灰、木榫或其它物质加以封闭"③。

这种在桅下板里放置钱币的做法，与早期西方古船中向桅杆基座上放置硬币的方式非常相似。但《川扬河古船发掘简报》中引用泉州湾南宋海船和另两艘唐宋时期古船的事例，认为这种做法与普遍意义上的保寿孔不同，出土的铜钱也不能作为古船年代上限的依据：

---

① 福建省泉州海外交通史博物馆编《泉州湾宋代海船发掘与研究》，海洋出版社，1987，第 16~19 页。两幅图片分别在第 16、18 页。

② 王正书：《川扬河古船发掘简报》，《文物》1983 年第 7 期，第 50~53、95 页。

③ 王正书：《川扬河古船发掘简报》，《文物》1983 年第 7 期，第 52 页。

古船所附遗物唯一可供断代参考的是唐代开元通宝钱，其形制、大小、重量与文献记载的武德四年开元钱相符。古代造船，往往在舱中置"压胜钱"，1973年江苏如皋发现的唐船和1978年上海南汇发现的宋船，都在船首第一舱内的板缝里发现古钱，1974年福建泉州宋代海船在龙骨横剖面的"保寿孔"内清理出钱币和铜镜。这几例从古钱的位置和封闭方式来看，都是在船舶下水之前已经放定了的。而川扬河古船的这枚钱却完全暴露于桅下板平面的长方孔内，孔表面既无木榫又无油灰等封闭，因此钱币的年代尚不能断为古船年代的上限①。

川扬河古船中的铜钱究竟是否属于祈福性质？它与文中提到的如皋唐船和南汇宋船之间又有怎样的区别？从南京博物院《如皋发现的唐代木船》一文中可知，如皋唐船于1973年6月在江苏省如皋县马港河边出土，现存船身实长17.32米，船面最狭处1.3米，船共分九舱，第一舱为船首，残长2.3米，宽1.93米，"船舱中木板缝内出土'开元通宝'铜钱三枚，显然是当时使用者遗留下来的……此三钱背面虽有锈蚀痕，仍可看出无州名之铸迹，因此颇有可能是江民所铸之私钱。从铜钱可以推测此船年代上限；此外，伴出的陶瓷器均为实用品。故我们认为，此船应属唐代，约在高宗以后"②。由此可知，如皋唐船中的铜钱出土于船首第一舱中的木板缝内，因文中没有更多具体描述，所以无法确定它们是否有固定放置

---

① 王正书：《川扬河古船发掘简报》，《文物》1983年第7期，第53页。
② 南京博物院：《如皋发现的唐代木船》，《文物》1974年第5期，第84～90页。

的迹象。但《川扬河古船发掘简报》中称如皋唐船在下水之前已经放定铜钱，或许另有信息来源，本文中暂付阙疑。

而关于1978年12月，上海南汇大治河在开掘过程中发现宋船的情况，据发掘简报中描述，这条残长16.2米的木船中也出现了放有铜钱的木孔：

> 整条船由八块隔舱板将它分成九舱。第一舱为头舱，残长2.90米，是全船最长的一舱。船头前端和左侧部分残缺，故顶端残宽0.84米。在距第一道隔舱板1.86米处的船底板上有一圆透孔，直径0.20米、厚0.20米，孔壁光滑。圆透孔的右下方又有一小孔，孔内发现有"太平通宝"铜钱24枚，银发钗一支，上用油灰封口……第三舱长1.90米，舱底有一块木桅底座，紧靠在第三道隔舱板上。在长方形桅座上有一凹字形开口，凹口起樯眼作用，长0.16米，宽0.11米，进深0.08米[1]。

南汇木船中的铜钱与如皋唐船中一样，都出现在船首第一舱中，但《川扬河古船发掘简报》中明确描述铜钱被放置在孔中，并用油灰封口，可以确定为保寿孔性质。这艘木船出土于东海之滨，从结构形制和船体内外的出土物判断，应是一条宋代遗船。据推测其全长应在18米左右，如按残宽3.86米计算，载重量应不低于16吨，

---

① 季曙行：《上海南汇县大治河古船发掘简报》，《上海博物馆集刊》编辑委员会编《上海博物馆集刊》第4期《建馆三十五周年特辑》，上海古籍出版社，1987，第175页。

是一艘九舱、单桅、平底的近海运输船①。

对比两条船的情况可知，如皋唐船中铜钱出土的位置是船舱木板缝，并未提及是否凿空或有填充物。而南汇宋船中虽然出现了有铜钱和封口油灰的木孔，但凿孔的位置是船底板，这与后来常见的龙骨上凿孔的位置有很大不同。尤其值得注意的是，上海南汇宋船中也有一块木桅底座，与浦东川扬河唐船中放有铜钱的木桅底座对照，前者没有开孔，后者则开有四个方孔，并从其中的两个木孔中发现了共一枚半铜钱。从实际功能来看，木桅底座上没有开孔的必要，浦东川扬河唐船之所以在桅下板上开孔，应当就是为了放置铜钱。但没有发现木榫、油灰等封闭物，说明这种放置铜钱的方式还很简单，应是保寿孔形成和演变过程中的一种早期形态。

关于川扬河唐船的功能，《川扬河古船发掘简报》称：

> 从船型看，船底独木虽加工成小平底，但最宽不超过42厘米，而复原的舱面宽为1.88米，船体横剖面上宽下窄，这种船型不适用于多沙滩的浅海区。而我国东海区的浙江福建一带，水深流急，尖底船"上平如衡，下侧如刃，贵其可破浪而行之"。1974年泉州出土的宋代海船船身扁阔，正是适于这一带航行的船型。今川扬河古船也是属于相近的类型。它出土于上海市东南海滨，从所具备的航行条件来看，还没有能力远航福建一带；从舱内出土的鹅卵石和钱币来看，也不是倾覆后漂流

---

① 季曙行：《上海南汇县大治河古船发掘简报》，《上海博物馆集刊》编辑委员会编《上海博物馆集刊》第 4 期《建馆三十五周年特辑》，上海古籍出版社，1987，第 176 页。

至此的。因此我们认为它可能是浙东一带的产品，是沿海打渔船或散货船①。

由此可见，浦东川扬河唐船和南汇宋船的船型完全不同，虽然原长度可能都是 18 米左右，但前者是适于深水破浪的尖底浙东船，后者则是平底的近海运输船，应与后来的沙船相似。从铜钱放置的情况来看，浦东唐船和南汇宋船中开孔的位置尚不稳定，一个在桅下板开孔，一个在船底板开孔，这与泉州南宋海船的龙骨开孔有很大区别，这一方面有可能是因年代早晚造成的差异，另一方面可能也体现了中国沿海各地造船文化的区域差异。

而在这两者之间，浙江宁波出土的一艘宋代海船则可能体现了其中的过渡形态。1979 年 4 月，浙江宁波东门口海运码头遗址发现一艘古代木船，它残长 9.30 米，残高 1.14 米，宽以龙骨为中心一半是 2.16 米，是一艘尖头、尖底、方尾的三桅外海船。"在解剖主龙骨和艄舱榫位时，发现主龙骨有两个长方形的小孔，俗称'保寿孔'，孔径长 3 厘米、宽 2.5 厘米、深 4 厘米，两孔间距 3 厘米。孔内各埋藏钱币六枚，共 12 枚，为'景德元宝'、'天圣元宝'、'皇宋通宝'等北宋早期的铜钱。"根据考古地层关系和沉船内出土的部分瓷器和钱币，特别是龙骨与艄柱接头处开孔储藏的这些铜钱，这艘沉船最终被认定为一艘北宋时代的海船②。

在时代上，宁波东门口北宋海船恰好在浦东唐船和南汇宋船、

---

① 王正书：《川扬河古船发掘简报》，《文物》1983 年第 7 期，第 95 页。
② 林士民著《宁波造船史》，浙江大学出版社，2012，第 98、110 页。

泉州南宋海船之间；在空间上，宁波也正好位于上海和泉州之间，因此对宁波东门口宋船上开孔特征的分析，将有助于观察这种造船文化的时空演变过程。

宁波北宋海船上的开孔位置与泉州南宋海船相似，都在龙骨上，但有所不同的是，宁波宋船的两个孔都在龙骨的同一端，即与艉柱接头处，而泉州宋船主龙骨两端的横断面上均挖有孔，如发掘记事中所述，"在主龙骨和尾龙骨、主龙骨和艉柱的接合处，各发现一个'保寿孔'（又称'压胜孔'）"①。各船保寿孔的数量和孔中储藏之物也有很大区别，浦东唐船的桅底板上开有四个方孔，其原始形态可能是四个孔中各放置一枚铜钱；宁波宋船龙骨端有两个相邻的长方形孔，共储存 12 枚铜钱；南汇宋船底板上仅有一孔，存有 24 枚铜钱和一支银发钗；而泉州宋船龙骨两端各有七个小圆孔、一个大圆孔和一个长方孔，前端诸小孔中各放置一枚无钱文的铜钱或铁钱，后端诸小孔中共放置 13 枚北宋铜钱，且两个大圆孔中各放置一面铜镜。从唐宋时期的这些海船情况来看，随着年代的推移，保寿孔的形态呈现复杂化和仪式化的倾向，泉州南宋海船年代最晚，船上木孔所储之钱币的形态、藏品和寓意也最为丰富，应是长期演变后的成熟形态。

保寿孔与中国内陆建筑中的"上梁钱"习俗

从现有考古实物来看，古罗马时期西方古船中放置桅下硬币的

---

① 林群英：《泉州湾宋代海船发掘记》，林群英著《偷闲集》，海峡文艺出版社，1989，第 208 页。

时间较早，而中国海船中开始放置钱币的时间，由于还没有更早的实物证据，暂时只能上溯到唐代。不排除这种造船习俗是在古代航海交流中，逐渐从域外海船上借鉴而来的可能。但一种文化风俗之所以能成功传播，通常是因为接收地原本就具备相关社会传统和文化基础，才能顺利理解并接受外来习俗。就西方古船中的桅下硬币而言，研究者一般认为它是由陆上墓葬与房屋基址中的祈愿钱币衍生而来，如《桅杆下的幸运硬币》中称：

> 很明显，硬币或它的替代品已经在数千年来关于海洋的迷信中扮演了一种很重要的角色，就算不是所有的航海国家都如此，至少也是其中很多。但我们不能忘记这种习惯在陆地上也有相似的形态，在那里，硬币、钢铁、骨头、曾被盗走的木材等被放入建筑物中，以祈求幸运和庇护。有时还会将一个人埋在房屋下，用以创造一座房屋的灵魂，使他看护这里的居民。
>
> 我们可以确信，这些海洋习俗的灵感来源正是那些内陆的习惯[1]。

《古罗马的桅下硬币》中更强调了这种习俗更早可能来自古希腊的墓葬和建筑物，还论述了放置于逝者口中的硬币，以及被称为"foundation coin"的建筑基址中的硬币等[2]。其实这也是世界多地早

---

[1] Henning Henningsen, "Coins for Luck Under the Mast", pp. 209 – 210.

[2] Deborah N. Carlson, "Mast – Step Coins among the Romans", *The International Journal of Nautical Archaeology*, Vol. 36, 2007 (2), pp. 320 – 322.

期文明中均会出现的现象，在中国，将钱币或替代物置于墓葬和建筑中用以祈福，正是从上古时期就已形成的文化风俗。人们很早就已用代表着财富的物品随葬，如前仰韶文化阶段的甘肃秦安大地湾遗址，有三座墓葬中用猪的下颌骨置于墓主人腹部陪葬①；殷墟妇好墓中出土的一件阿拉伯绶贝和6820余个货贝也属此例②。当铸币普遍使用之后，这种现象更为常见，如战国早期河北的一座中山鲜虞族墓中，椁底残存十四捆共1400枚尖首刀币，椁室底部的扰土中还发现有16枚骨贝③。河南汲县山彪镇战国墓地出土大量铲币，其性质是"专为明器铸（冥币），非市面实用性流通物，极薄，强分即碎"④。这种现象在汉代广泛存在，虽地域遥远也有相似的风俗，如江苏盐城三羊墩汉墓⑤和宁夏盐池县张家场汉墓⑥棺下都垫有五铢钱，即所谓"垫背钱"。

中国古代建筑基址中也很早就已有同样的习俗，如河南贾湖遗址一座房屋柱洞底部垫有完整的龟壳⑦，汤阴白营晚期龙山文化遗址

① 甘肃省文物考古研究所编著《秦安大地湾——新石器时代遗址发掘报告》（上册），文物出版社，2006，第68页。

② 中国社会科学院考古研究所编辑《殷墟妇好墓》，文物出版社，1980，第15页。

③ 河北省文物研究所著《战国中山国灵寿城：1975～1993年考古发掘报告》，文物出版社，2005，第267～268页。

④ 郭宝钧著《考古学专刊》乙种第11号《山彪镇与琉璃阁》，科学出版社，1959，第36页。

⑤ 袁颖、黎忠义：《江苏盐城三羊墩汉墓清理报告》，《考古》1964年第8期，第400页。

⑥ 许成：《宁夏盐池县张家场汉墓》，《文物》1988年第9期，第25页。

⑦ 冯沂：《河南舞阳贾湖新石器时代遗址第二至六次发掘简报》，《文物》1989年第1期，第3页；许顺湛著《豫晋陕史前聚落研究》，中州古籍出版社，2012，第59页。

内房址下埋有许多摞起的蚌壳，还有的使用人殉或羊作为建房奠基①。在历史时期，这已成为各地通行的风俗，如位于今杭州的五代时期吴越国建筑雷峰塔地宫内，便有坑底的少量"乾元重宝"、砖缝内的20余枚"开元通宝"（其中一枚外表镏银）、一件镏金银钗和一枚双面铸有龙凤图案的厌胜钱（也称压胜钱）②。20世纪50年代初，拆除位于今天安门东、西两侧的长安左门和长安右门时，发现这两座始建于明永乐年间的建筑物下面"各有八颗银元宝和一堆铜钱，元宝分别放在门楼的四角和中门垛的两头，铜钱放在四个门垛的中间部位"③。在流传至今的各地建筑习俗中，还经常可以看到将铜钱放置在墙角下或房梁之上的现象，如浙江义乌在挖墙基时有"垫银"风俗：

> 墙脚开挖好后，一般需在墙脚根四隅放几枚铜钱，称之为"垫银"，意谓："靴脚（谐音穴角）踢银，财源滚滚。"民间以此讨彩头，欲保佑子孙发财，财源广进。垫银钱币一般选用康熙通宝、乾隆通宝等盛世钱币，以图吉利，寓屋业永固，此习俗民间一直延续至今④。

在本文第二节的引述中，中国古代海船上的祈愿钱币和储孔在

---

① 吴汝祚：《中原地区中华古代文明发展史》，社会科学文献出版社，2012，第164页；方酉生、孙德萱、赵连生：《河南汤阴白营龙山文化遗址》，《考古》1980年第3期，第193～202页。
② 浙江省文物考古研究所：《雷峰塔遗址》，文物出版社，2005，第114～116页。
③ 孔庆普著《北京的城楼与牌楼结构考察》，东方出版社，2014，第310页。
④ 黄美燕著，义乌丛书编纂委员会编，金福根摄影《义乌建筑文化·上册》，上海人民出版社，2016，第344～345页。

"保寿孔"称呼之外,也常被研究者称为"压胜钱"和"压胜孔",这也是对其目标作用的概括。就目前研究来看,中国最早以铸币形式出现的压胜钱出现在汉代,如上海福泉山西汉墓中出土一枚形似五铢钱的压胜钱,两面分别有"日入千金""长毋相忘"铭文[①],后世又因不同祈愿功能而分化出多种具有专门意义的铸币,有的外形还被铸成契刀形和货布形,如流传至今的福建福州圣庙上梁钱、霞浦顺天圣母上梁钱、福州南城上梁钱、道山祖殿上梁钱等,即属此类[②]。可以认为,中国在公元前的几个世纪中就已经与古希腊、古罗马具有同样的风俗,即将铸币和相关物品作为祈愿物放置在墓葬和建筑中。而当内陆的人们驾船出海时,这种习惯也会逐渐随人们的行动从陆地扩展到海上。这也正是造船活动中放置钱币的社会历史传统和文化传播基础。

在这些留存至今的传统风俗中,尤其需要注意的是安置房屋主梁时的"上梁钱"风俗,它很可能是中国古代海船龙骨上开凿保寿孔习俗的陆上原型。中国古代木结构建筑技术发达,房屋主梁为一屋之本,安放时尤为重要,最迟至北魏时已经有名为"上梁祝文"的祈愿文字流传[③]。在留存至今的敦煌遗书《上梁文》中,则有"蒸饼千盘万担,一时云集宕泉。尽向空中乱撒,次有金钹银钱"[④],

① 王正书:《上海福泉山西汉墓群发掘》,《考古》1988 年第 8 期,第 707 页。
② 福建省钱币学会编著《福建货币史略》,中华书局,2001,第 397 页。
③ 温子界:《闻阖门上梁祝文》,欧阳询撰《艺文类聚》卷 63,上海古籍出版社,1965,第 1129 页。
④ 陈烁:《敦煌建宅仪式与〈儿郎伟·上梁文〉等建宅文》,韩高年主编《庆祝赵逵夫教授七十华诞文集》,甘肃民族出版社,2014,第 488 页。

说明敦煌民间安放房梁时要用饼、钱抛撒以求吉祥。这种风俗一直流传至今，如福建民间上梁时要抛撒谷子和硬币（以前是铜钱）的混合物，因为人们认为抢到这些钱和谷子可以驱邪，同时唱《上梁歌》，抛一次唱一句：

> 一抛梁头千年兴，二抛梁尾万年春，
>
> 三抛梁中子孙在朝中，四抛四季发财……①

除抛撒之外，很多地方还有将铜钱固定在梁上的风俗，如广西北部壮族建筑在上梁时要钉梁布，"收到的梁布，在架好梁木后，均由木匠用铜钱或硬币钉在梁木上"②。明代张居正记录了建于元初的一座建筑坍塌时，从房梁上掉下百余枚金钱的事迹：

> 皇城北苑中有广寒殿，瓦甓已坏，榱桷犹存，相传以为辽萧后梳妆楼。成祖定鼎燕京，命勿毁以垂鉴戒。词人题咏甚多。至万历七年五月四日，忽自倾圮，其梁上有金钱百二十文，盖镇物也。上以四文赐余，其文曰"至元通宝"。按至元乃元世祖纪年，则殿创于元世祖时，非辽时物也③。

中国古代建筑中有在正梁两端放置铜钱和吉祥物的习俗，虽然

---

① 段宝林等：《闽台民间文学传统文化遗产资源调查》，厦门大学出版社，2014，第242页。
② 郭立新：《龙脊壮族的家屋》，广东省民族研究学会、广东省民族研究院、嘉应学院客家研究院编，马建钊、房学嘉主编，陈晓毅、肖文评副主编《广东民族研究论丛·第十五辑》，民族出版社，2014，第328页。
③ 张居正：《张文忠公全集》之文集十一，王云五主编《万有文库》，商务印书馆，1935，第686~687页。

保存至今的古代木结构建筑实物有限，难以分析唐宋之前的相关风俗，但最迟在明代木工手册《绘图鲁班经》中已有成熟的建筑习俗记载："双钱正梁左右分，寿财福禄正丰盈，夫荣子贵妻封赠，代代儿孙挂级衣。藏正梁两头，一头一个，须要覆放。"[①]

《绘图鲁班经》中的梁头放钱图解

　　这类习俗也流传至今，例如在四川民间，要在"梁两端打个槽子，将盐茶米豆（有的还加银圆）放入槽内，用红丝线缠好"[②]。在福建泉州安溪县，大梁两头要各用一个口袋装米、金银珠宝（一般为银圆）、谷种、菜籽、洋麻之物，压在梁上[③]。广东佛山建筑中也

①　浦士钊校阅《绘图鲁班经》，鸿文书局，1938，第39页。

②　四川省地方志编纂委员会编《四川省志·民俗志》，四川人民出版社，2000，第205页。

③　李秋香等著《闽台传统居住建筑及习俗文化遗产资源调查》，厦门大学出版社，2014，第286页。原作注明文献来源：王煌彬：《安溪剑斗镇红星村民俗调查报告》，闽台居住习俗课题组田野调查报告。

有在正梁两端压红布和铜钱的风俗①。如《闽台传统居住建筑及习俗文化遗产资源调查》中所述，在闽南地区，中梁代表房屋的安详，有中流砥柱、一家之主的栋梁之意，所以上梁仪式是建造房屋过程中最隆重的一个环节。选择良辰吉日举行上梁仪式时，东家需要准备好五谷六斋、红布、金花、铜钱、灯笼、八卦等"上梁物"，配合木匠师傅进行中脊的吊装，每种上梁物都有一种吉祥的寓意②。《闽南陈坑人的社会与文化》中对此的解释是：

> 中梁的梁头、梁尾分别挂上梁灯、吊钱、五谷袋，其中五谷袋内装五谷和铜钱。灯之闽南话音同"丁"，吊钱代表"财"，五谷袋表示丰收之义，此三物即象征丁财两旺，丰收吉庆。两个梁灯上分别写"安梁大吉""添丁进财"……升梁后以花帔包米和钱，分别放在梁头和梁尾③。

在泉州的上梁仪式中还要用剑将白鸡的鸡冠割破，用朱笔蘸鸡血，点在梁上，并喊赞语：

> 一笔点梁头，代代子孙都出头。
>
> 二笔点梁尾，代代子孙赚家伙。
>
> 三笔点圣人，代代子孙出万人。

---

① 余婉韶编著《佛山民俗》，世界图书出版广东有限公司，2013，第174页。

② 李秋香等著《闽台传统居住建筑及习俗文化遗产资源调查》，厦门大学出版社，2014，第285～286页。

③ 余光弘、杨晋涛主编《闽南陈坑人的社会与文化》，厦门大学出版社，2013，第298页。

其族人在每句结尾时，在下面齐喊"发啊！"完成"点梁"仪式。梁上还要悬挂一对灯笼、通书、一对五谷包、一对粽子、一对符纸①。由于从汉代开始，铜镜就已成为重要的辟邪物②，中国很多地方还有在上梁时放置铜镜的风俗，例如浙江义乌在梁上悬"米筛一把，米筛中扎铜镜、剪刀、尺各一，为辟邪。米筛谓"千只眼"，铜镜谓"照妖镜"，剪刀和尺谓"裁剪"。③

中国古代海船在龙骨两端放置铜钱、五谷、铜镜等物的习惯，很可能就来自内陆民间的这种上梁风俗，因为龙骨对于船的作用，正如同主梁在房屋结构中的重要地位，在浙江舟山的传统造船风俗中，船上的龙骨就被称为"梁头"④。在泉州一带，榫接龙骨时要举行隆重的"奠基礼"以祭海神，保寿孔内放银圆、五谷种和记录船舶建造的黄道吉日的红布，然后在龙骨榫接处各用六根大铁钉钉合，这十二根铁钉被称为"圣钉"，代表十二生畜，据造船老师傅说，这是为了祈求海神庇佑航海安全⑤。据此看来，泉州湾南宋海船中方形孔内的黑色物质，有可能是用来做祈愿物的五谷碳化后留下的痕迹，而这种"圣钉"，可能也和闽南建筑上梁时挂灯的寓意相关。

---

① 曹春平著《闽南传统建筑》，厦门大学出版社，2006，第252页。

② 刘学堂：《中国早期铜镜起源研究——中国早期铜镜源于西域说》，中国社会科学院边疆考古研究中心编《新疆石器时代与青铜时代》，文物出版社，2008，第240页。

③ 黄美燕著，义乌丛书编纂委员会编，金福根摄影《义乌建筑文化·上册》，上海人民出版社，2016，第413~414页。

④ 舟山市地方志编纂委员会编《舟山市志》，浙江人民出版社，1992，第748页。

⑤ 庄为玑、庄景辉：《泉州宋船结构的历史分析》，福建省泉州海外交通史博物馆编《泉州湾宋代海船发掘与研究》，海洋出版社，1987，第82~83页。

中国海船中的其他祈愿物放置风俗

在中国各地流传的造船习俗中，放置的祈愿物品除铜钱和五谷之外，还有银发钗、手帕等物品。而安放祈愿物的位置除龙骨之外，还有将其置于船眼或水舱等处的现象，例如在宁波象山，帆船制造时有装饰"龙眼"的仪式：

> 船眼左右各一，用樟木雕成，有眼珠、眼白，即分黑白两色，内圈黑外圈白，活像眼睛，十分神气。龙眼的眼神也很讲究，运输船眼神朝前看，渔船却要朝水看，不能疏忽。钉船眼时在船头两旁选好适当位置，各钻三孔，在一边侧凿一小孔，放上银币或其他硬币，并做好两块大红洋布候用。祭祀开始，鞭炮震天，锣鼓齐鸣，将红洋布和船眼安在预定位置上，各钉三枚钉，至此钉船眼工序才算完成。新船船壳造成后，要在船头两侧贴"龙头生金角，虎口出银牙"对联，在船尾栏板上挂"风平浪静"或"海不扬波"对联①。

《桅杆下的幸运硬币》中曾提到古代中东地区的类似习俗，在底格里斯河边的小艇中，经常会用一些贝币和蓝色的珠子排列成眼睛的形状，压进沥青，作为对抗魔眼的法术②。在广东南澳，当渔民给

---

① 林士民著《宁波造船史》，浙江大学出版社，2012，第186页。
② Henning Henningsen，"Coins for Luck Under the Mast"，p. 209.

新船安龙骨时，有一种名为"压槽母"的仪式，是将妇女头戴的银制高髻插上金红绫后放在龙骨上，当师傅打上墨绳之后才将高髻收回家，象征新船出海年年头产的吉祥寓意。由于现在已没有这种银制高髻，因此改用红布、五色金丝线、榕、竹等代替①。这种风俗可能与上海南汇宋船中的银发钗含义类似，都属于妇女头饰类，在浙江奉化沿海还有一种相近的习俗，即从妻子头上剪下一绺头发放入水仓进水孔内，因为人们认为女人属阴属水，而下船出海去的都是属阳的男人，阴阳相合，才能生银子。当地一直把渔船水仓视作船的灵魂处，要在其中放入银圆或铜钿，据说这是受"皇封"的标记②。在浙江舟山，装淡水的"水舱"梁头（龙骨）合拢处也要衬银洋（或铜板、铜钱），并用银钉（或铜钉）钉合，渔民称它为"船灵魂"，亦称"水灵魂"③。这是一种传播到日本、韩国等地的民间崇拜习俗：

> 船灵，舟山人又称"龙灵"，俗呼"船灵魂"或"水活灵"。其仪式是：在新船骨架搭成后，用一块小木头，挖个圆形小孔，小孔内放进镌刻着"光绪元宝"或乾隆、康熙字样的铜钱、铜板、银元等物。据传，有金龙图案或代表真龙天子字样的铜元作为龙灵更为灵验。但在有些小岛上，亦有用妇女的头发、手帕之类物品，缚在铜钱上，一起放进小孔里的。这

---

① 赖海英：《南澳造船和新船下水俗》，刘志文主编《广东民俗大观（下卷）》，广东旅游出版社，1993，第35页。

② 应长裕：《奉化渔村造船的祭祀活动及习俗》，上海民间文艺家协会编《中国民间文化》第七集《人生礼俗研究》，学林出版社，1992，第231页。

③ 舟山市地方志编纂委员会编《舟山市志》，浙江人民出版社，1992，第748页。

小孔内的象征物即为船之灵魂，亦为船的龙灵了。龙灵放好后，要把小孔密封。而后，再把这小木头安置在新船的水舱梁头上。安置时，船主要用祭品祭祀龙灵以求吉兆。钉木头的钉也有讲究，要用铜钉或银钉，不可用铁（钉）。一是龙忌铁，二是铁遇水易锈。至于龙灵一定要安置在水舱这个特定部位上，源于"龙生于水，被五色而游"之说。因为龙是不能离开水的[①]。

在日本、韩国，船灵魂的习俗同样存在，放置的物品与我国相似，但安放位置是在桅杆之下。日本造船时会将船主妻子的头发，或是一对男女小木偶放入桅杆小洞里，另外再做两个小木人，和一个铜钱一起放在桅杆的小头上。日本造船者在船下水前往往还会将船神的形象放入桅杆筒，称之为"请神入船"或"移入神性"。韩国的船神俗称船城隍、船成主或船城主等，也是将女性用品、表示衣物的布片、木偶人、古钱等作为神体放入桅杆穴内，与日本的原始船神如出一辙[②]。

类似习俗也出现在中国内河船舶制造中，如山东济宁南四湖地区建造渔船时，有下"太平钱"的风俗：

> 将船体的横梁钉上，即为栽梁。栽梁时，要下"太平钱"。

---

① 金涛、金英：《舟山与日韩诸国海岛船俗文化比较》，浙江省博物馆编《东方博物》第 20 辑，浙江大学出版社，2006，第 79～80 页。

② 金涛、金英：《舟山与日韩诸国海岛船俗文化比较》，浙江省博物馆编《东方博物》第 20 辑，第 82～83 页。

先用麻丝捻成一对"龙须",再以细丝捆在船底中心板的中心线上,然后把一枚制钱(或银圆、硬币)放进去,故又称"闭龙口"。同时,线头念唱:"太阳出来圆又圆,师傅(指鲁班)叫我来下太平钱。太平钱下在龙口内,富贵荣华万万年。"①

在台湾南部地区的宗教仪式"请王、送王"中,造船师傅要在王船龙骨前后钻洞,埋入诸会首或醮祭执事所献的硬币,以示"安签生财"(签即龙骨)②。台湾蓝屿岛雅美族人建造木舟时也会举行祈愿活动,选吉日、滴鸡血于龙骨的接合处,以期待借助仪式性的神力,为船的使用求得更多的吉祥保证③。

从这些传世风俗和出土实物中,可以看到海洋祈愿文化传播的状况。中国各地情况有所差异,但与龙骨、水舱、桅杆、钱币、五谷、铜镜、钉、银质物、发饰、红布、鸡血等相关的细节却普遍存在,这与西方海船中祈愿物的状况有一定相似之处,但与其相似度更高的则是中国民间特有的建筑上梁风俗。泉州湾南宋海船中呈七星伴月状排列的保寿孔铜钱更体现了地域特征,七星洋即七洲洋,位于古代泉州海船向南的必经航路上,为风险多发海域,南宋吴自牧所著《梦粱录》中已有舟人"去怕七洲,回怕昆仑"④的记载。

① 高建军编著《山东运河民俗》,济南出版社,2006,第42页。

② 石奕龙:《福建南部与台湾南部的请王送王仪式》,陈健鹰主编《西岸文史集刊》第1辑,福建教育出版社,2012,第291页。

③ 陈延杭:《古越族的了鹍船——雅美木舟》,《海峡交通史论丛》编辑委员会编《海峡交通史论丛》,海风出版社,2002,第46页。

④ 吴自牧:《梦粱录》卷12《江海船舰》,浙江人民出版社,1980,第112页。

将中国民间具有辟邪意义的铜镜与铜钱共同排出"明镜照明七星洋"的寓意，使文化传统与当地海洋环境相结合，呈现了鲜明的闽南文化特色。

此外，由于北斗七星在夜幕下永不凋落，古代很多东方国家和民族将其视作长寿星①，具有影响深远的祈福意义。中国古代有在重要建筑和物品上刻画出北斗七星的惯例，如江苏仪征烟袋山汉墓棺盖内侧用镏金小铜泡布置出北斗星象图②，甘肃酒泉出土的北凉时期石塔宝盖顶刻北斗七星③，明代藩王棺内荅板上常刻有七个圆孔，内置金银钱呈北斗七星状，都属此例④。在域外发现的中国古船中也常见呈北斗七星状的保寿孔，即使不在南方航线上也是如此，如1975年韩国全罗道新安海底发现一艘中国元代海船，研究者认为它与泉州湾宋船有诸多相似之处，均为福建地区制造的尖底型，在龙骨部分都设有保寿孔，模仿北斗七星形状放置的铜钱与铜镜放在一起，以祈愿船舶避邪和航海安宁。新安船放置的是七枚"太平通宝"钱，虽然铜钱的种类不同，但放置的形态与泉州海船相同⑤。

---

① 可参考那木吉拉著《中国阿尔泰语系诸民族神话比较研究》，学习出版社，2010，第361页。

② 王根富、张敏：《江苏仪征烟袋山汉墓》，《考古学报》1987年第4期，第477页。

③ 王毅：《北凉石塔》，文物编辑委员会编《文物资料丛刊》（1），文物出版社，1977，第180页；宿白：《凉州石窟遗迹和"凉州模式"》，《考古学报》1986年第4期，第438～440页。

④ 孟凡人：《明代藩王坟的形制布局》，郑欣淼主编《故宫学刊》第5辑，紫禁城出版社，2009，第299～300页。

⑤ 金炳董：《从沉船看中世纪的中韩贸易交流——以新安船和泉州湾宋代海船的积载遗物为中心》，第365、367、391页。

1992 年，韩国珍岛出土一艘长 16.85 米的独木舟，其保寿孔内发现八枚宋朝铜钱，分别是皇宋通宝二枚，至道元宝、咸平元宝、祥符通宝、元丰通宝、大观通宝、政和通宝各一枚。八枚铜钱在保寿孔内排列成三排，第一排一枚，第二排三枚，第三排四枚。建造独木舟所用木材是中国华南地区生长的楠木、马尾松等，由船材以及保寿孔铜钱排列方式等特点断定，这艘独木舟是由中国宋代华南地区建造[①]。

从"保寿孔"这一名称来看，在古代闽南造船文化中，呈北斗七星状排列的铜钱最初的寓意很可能只是为了祈求安康长寿，但在文化习俗的长期发展中，受附近风险多发海域七星洋的影响，对平安航行和祈望长寿的两种意愿逐渐融合在一起，形成了当地特有的造船习俗。从出土实物的演变情况来看，中国沿海各地造船习俗呈多样化，保寿孔未必都要做成铜钱与铜镜并存的形式，也可以全部用铜钱代替；龙骨两端凿孔时，其开孔数和储钱数也各自不一。例如 1984 年，山东蓬莱出土一艘元代三桅木帆船，残长 28.6 米，宽5.6 米，共 14 个舱，外形尖头阔尾，似一条巨形刀鱼。这艘船的长宽比例与福船类型有很大差别，其主龙骨与尾龙骨和艉柱交接处分别有一孔，孔径为 7 厘米、深 0.3 厘米，内放铁钱[②]。

---

① 袁晓春：《中国古代海外交通史文物又一重大发现——韩国出土中国宋朝独木舟》，杜经国、吴奎信主编《海上丝绸之路与潮汕文化》，汕头大学出版社，1998，第 400 页。

② 袁晓春：《蓬莱挖掘出元朝战船》，山东省蓬莱市政协文史资料委员会编《蓬莱文史资料》第 7 辑，1992，第 180 页；山东省文物考古研究所、烟台市博物馆、蓬莱市文物局编《蓬莱古船》，文物出版社，2006，第 168 页。

综上所述，中国古代海船中将祈愿钱币置于龙骨孔中的情况在宁波北宋海船中已经出现，并在泉州湾南宋海船中呈现出成熟的形态和丰富的寓意。这种在龙骨上凿孔储钱用以祈愿的习俗，很可能正是内地木结构建筑中上梁仪式在造船文化中的体现。由两种风俗对比来看，其细节有诸多相似之处，寓意也基本一致，在海船龙骨内安放钱币时需要凿孔、填入灰泥以固定，比上梁时更加细致，应是由于海船在航行时经常颠簸，不似内陆房屋处于静止状态，所以需要比上梁钱做更稳妥的安置。

虽然古代中西方海船制造中都曾有将硬币安放在桅杆下和龙骨端两种方式，但从后来的发展来看，中国明显更倾向于安放在龙骨中，而欧洲和北美则更多安放在桅杆下。由于铸币传统的差异，中国通常采用铜钱上寓意吉祥的年号祈福，欧美则用钱币铸造的具体年份纪念造船各环节的进度。海船中的祈福钱风俗体现了内陆建筑文化的影响，古罗马桅下硬币的风俗也随着欧洲人群的迁移从英国传到北美。而瑞典哥德堡号木帆船在龙骨两端安放硬币的事例，很可能也说明了古代中欧间造船文化的交流：考虑到中国传统木结构建筑与欧洲建筑风格的差异，不同类型的祈福钱文化出现的年代，以及宋代之后中外海上交流的情况，可以推测一些欧洲海船中将祈愿硬币置于龙骨与艏柱、艉柱结合处的风俗很可能受到了古代中国海船的一定影响。这种方式适应了欧洲贵重金属材质硬币的防盗需求，使其安放位置从桅杆下转移到龙骨端，并成为造船文化在海上传播的成功例证之一。

下篇

登辽海运与明代辽东

沧海
云帆

明代登辽海道的兴废与辽东边疆经略

辽东是明代北方防御体系中的重要地区，其治乱形势直接关系到明王朝的兴衰。由于位置偏在东北一隅，明代辽东与内地之间的交往，只能通过两条道路进行。一条是经山海关与辽西走廊的陆路，另一条则是经渤海海峡，从山东半岛北部的登州、莱州到达辽东半岛的海路。洪武初年，明军从登莱地区渡海北上，击败残元势力，将辽东地方纳入明朝治下，而当时辽东驻军所需的粮食、布匹等后勤物资，也都要通过登辽之间的海路转运获得。在这种密切联系的基础上，明代辽东的民政与司法事务分别被划归山东布政司下属的辽海东宁分守道，以及山东按察司下属的辽海东宁分巡道管辖，从而形成了"辽东隶于山东"这一特殊的政区地理现象。

然而，自明中期之后，登辽海道却逐渐衰落以致关闭，使两地联系被人为隔断，不但给登辽两地民生造成极大困扰，也使辽东边疆的后勤保障和战略防御体系遭到严重破坏。当明朝末年与后金的战事爆发后，为保障辽东战场后勤供应，登辽海道仓促重开，却未能收到明初的良好效果。山东因支援辽东而背负沉重负担，辽东难民大量涌入山东，又与当地居民之间产生矛盾。最后爆发地域冲突，引发吴桥兵变，辽将孔有德携登州所储西洋火器归降后金，对辽东战局产生重大影响。本文将以明代登辽海道的兴废为线索，对当时山东与辽东之间地域关系的转变过程进行研究，从而为明代辽东边疆经略史提供另一种视角下的分析。

明初的登辽海运与"辽东隶于山东"现象的形成

在历年来涉及登辽海道的研究中，以考证明初辽东海运者为多，如吴缉华《明代海运及运河的研究》[①]，樊铧《明太祖对海洋的态度及洪武时期的海运》[②] 等。张士尊《明代辽东边疆研究》[③] 一书中对明代辽东历次海运情况均作了叙述，韩行方、王宇《明朝末期登莱饷辽海运述略》[④] 也属这一范畴。而对明末的吴桥兵变，黄一农《天主教徒孙元化与明末传华的西洋火炮》[⑤]，欧阳琛、方志远《明

---

① 吴缉华：《明代海运及运河的研究》第二章《明代开国后的海运》，中研院历史语言研究所，1997，第 17 ~ 34 页。

② 樊铧：《明太祖对海洋的态度及洪武时期的海运》，樊铧：《城市·市场·海运》，学苑出版社，2008，第 101 ~ 131 页。

③ 张士尊：《明代辽东边疆研究》，吉林人民出版社，2002。

④ 韩行方、王宇：《明朝末期登莱饷辽海运述略》，《辽宁师范大学学报》（社会科学版）1992 年第 4 期，第 85 ~ 88 页。

⑤ 黄一农：《天主教徒孙元化与明末传华的西洋火炮》，《"中央研究院"历史语言研究所集刊》，第 67 本第 4 分册，1996，第 911 ~ 966 页。

末购募西炮葡兵考》① 也从天主教在中国传播的角度予以介绍。本文以登辽海道形势在整个明代的发展和变化为线索，对当时与其相关的诸多问题进行具体分析。

明代登辽海道的使用，建立在辽东半岛与山东半岛之间长期海上交流的基础上。这两个半岛位于中国东北部，隔渤海海峡南北相望。它们同属于暖温带季风性气候，分布着落叶阔叶林，在中国自然地理区划中，它们共同组成了辽东—山东低山丘陵亚区。在两个半岛之间的渤海海峡中，长山群岛和庙岛列岛组成了天然的岛链，将两地连接起来，从山东半岛北端的登州港到辽东半岛南端的旅顺口之间有许多个可供停泊避风的小岛，为人们渡海航行提供了便利。从石器时代开始，人们就利用简陋的独木船经这些小岛逐步渡过渤海海峡，进行原始的往来交流。在 20 世纪中后期进行的考古工作中，在许多小岛上上发现了原始文化的遗存，其中以山东龙山文化向辽东传播的特点表现更为明显，从中可以看出两地间早期文化越海传播、互相影响的途径和过程。②

进入历史时期后，航海技术日渐发展，两地之间的民间交流和贸易往来也越发频繁。由于海洋阻隔，这两个半岛经常分处两个政权管辖之下，治乱形势互不相同，所以每当其中一地发生战乱时，当地居民往往会渡海到另一个半岛避难。如两汉之交王莽将乱时，

---

① 欧阳琛、方志远：《明清中央集权与地域经济》，中国社会科学出版社，2002，第367～442页。

② 严文明：《长岛县史前遗址》《胶东原始文化初论》《东夷文化的探索》，严文明：《史前考古论集》，科学出版社，1998。

北海（今山东昌乐附近）名士逄萌就"将家属浮海，客于辽东"①。
东汉末年，北海朱虚人邴原、管宁等也因战乱渡海至辽东，随后
"一年中往归（邴）原居者数百家，游学之士教授之声不绝"②。这
种民间自发的移民和随之而来的文化交流，在一定程度上促成了
辽东的人文风气进步。此外，一些政治斗争的失利者也会通过这
条海路避难，如后唐时期，契丹耶律阿保机的长子突欲在争夺继
位权失败后，从辽东"帅部曲四十人越海自登州来奔"③，依附中
原政权。

两地间的官方行动，主要是越海行军与漕粮运输。虽然渡海有
一定风险，但终归比绕行陆路快捷，可收到奇兵之效。顾炎武在
《日知录》中，列举了一系列在山东、辽东以至朝鲜半岛间进行海上
军事行动的事例：

> 汉武帝遣楼船将军杨仆从齐浮渤海，击朝鲜；魏明帝遣汝
> 南太守田豫督青州诸军，自海道讨公孙渊；秦苻坚遣石越率骑
> 一万，自东莱出右径袭和龙；唐太宗伐高丽，命张亮率舟师自
> 东莱渡海趋平壤；薛万彻率甲士三万，自东莱渡海入鸭绿水；
> 此山东下海至辽东之路……公孙度越海攻东莱诸县，侯希逸自
> 平卢浮海据青州，此又辽东下海而至山东也。④

---

① 王先谦：《后汉书集解》卷 83，中华书局，1984，第 3 页 b。
② 卢弼：《三国志集解》卷 11《魏书·邴原传》，中华书局，1982，第 25 页 a。
③ 司马光：《资治通鉴》卷 277，后唐长兴元年十一月丙戌，中华书局，1956，第 9052
页。
④ 顾炎武著，黄汝成集释《日知录》卷 29《海师》，岳麓书社，1994，第 1011 页。

金、元时期，辽东半岛和山东半岛处于同一政权控制下，因此当其中一地遭受灾荒时，国家就会从另一地统筹调运粮食，经海路进行支援。如《金史·河渠志》中载：

> 辽东、北京路米粟素饶，宜航海以达山东。昨以按视东京近海之地，自大务清口并咸平铜善馆，皆可置仓贮粟以通漕运，若山东、河北荒歉，即可运以相济。[①]

当时的咸平府即今辽宁开原，金代辽东路转运司就设置在此处[②]。当山东发生灾荒时，辽东的储粮可从此处启运，沿辽河入海直抵山东。元朝国家海洋事业发达，江南漕粮可从太仓刘家港北上，经黄海绕过成山角，转运至渤海周边的辽东、直沽、大都等地。当时的文献中还可看到"辽东告饥，民有易子而食者，朝廷恻念，发粟十万，海运济之"一类记载[③]。

正是这些历史传统与经验，奠定了明初以山东登莱为战略基地，向北经略辽东的基础。洪武初年，辽东地区处于几股残元势力的分割控制下，明军虽已占领中原，但北方燕山一带却在故元势力活动范围内，因此从陆地进攻辽东存在较大困难。而明军在此前与陈友谅、方国珍等势力的交战中已经积累了丰富的水上作战经验，便部

---

① （元）脱脱等：《金史》卷 27《河渠志·漕渠》，中华书局，1975，第 683 页。

② 《金史》卷 24《地理志·咸平路》，第 553 页。

③ 唐元：《筠轩集》卷 5《辽东告饥，民有易子而食者，朝廷恻念，发粟十万，海运济之，二月二十五日风大作，感而有赋》，文渊阁四库全书本，台湾商务印书馆，1983，第 14 页 b。

署军力，准备从海路夺取辽东半岛。"于是，卢龙戍卒，登莱、浙东
并海舟师，咸欲奋迅，一造辽沈。"① 在明军的武力震慑下，洪武四
年（1371），故元辽阳行省平章刘益"以辽东州郡地图，并藉其兵
马钱粮之数"②从海路遣使归降，明将马云、叶旺率军从山东登莱渡
海北上，迅速占领辽东半岛南端，后来又逐渐向北方和西方推进，
将辽东全境纳入明朝治下。这也是登辽海道在明代辽东边疆经略中
首次发挥的重大作用。

明军登陆辽东后，由于当地久历战乱，土旷人稀③，物资供应不
足，因此一切军需后勤补给都要依靠登辽海道从山东转运。当时的
辽东军粮由东南太仓一带产粮地供给，而棉衣等物则需从山东、山
西等地调运，就连辽东各衙门所用的历日都要由山东制造，然后渡
海送来④。如《辽东志》中所言：

> 初，大军俸粮之资仰给朝廷，衣赏则令山东州县岁运布钞
> 棉花量给。由直隶太仓海运至（辽东）牛家庄储支，动计数千
> 艘，供费浩繁，冒涉险阻。⑤

这条海道是当时内地与辽东之间唯一的交通道路，"遮洋船出刘
家港，由满谷沙、崇明、黄连沙北指没印岛、黑水大洋、延津岛、

---

① 《明太祖实录》卷52，洪武三年五月丁巳，第1030页。
② 《明太祖实录》卷61，洪武四年二月壬午，第1191页。
③ 《明太祖实录》卷145，洪武十五年五月丁丑，第2284页。
④ 《明英宗实录》卷31，正统二年六月乙亥，第619页。
⑤ 《辽东志》卷8《杂志》，《辽海丛书》本，辽沈书社，1985，第464页。

之罘、成山西绕夫人山东，出刘岛鸡鸣山，登州沙门岛，以达于辽阳。昼则主针，夜则视斗，避礁托水，观云相风，劳苦万状"①。正是海运提供的大量物力和人力资源，才使明军能够对辽东进行最初的控制和经营。在《明太祖实录》中，常可以看到以下一类记载：

（洪武七年正月壬申）命工部令太仓海运船附载战袄及裤各二万五千事，赐辽东军士。②

（洪武九年正月癸未）山东行省言，辽东军士冬衣每岁于秋冬运送，时多逆风，艰于渡海，宜先期于五、六月顺风之时转运为便。户部议，以为方今正拟运辽东粮储，宜令本省具舟下登州所储粮五万石运赴辽东，就令附运绵布二十万匹，绵花一十万斤，顺风渡海为便。③

（洪武十八年五月己丑）命右军都督府都督张德督海运粮米七十五万二千二百余石往辽东。④

（洪武二十一年九月壬申）航海侯张赫督江阴等卫官军八万二千余人出海运粮，还自辽东。⑤

（洪武二十九年三月庚申）命中军都督府都督佥事朱信、前军都督府都督佥事宣信总神策、横海、苏州、太仓等四十卫将

① 《五岳山人集》卷38《先昭信府君墓碑一首》，《四库全书存目丛书》编纂委员会编，《四库全书存目丛书》，齐鲁书社，1997，第3~4页。
② 《明太祖实录》卷87，洪武七年春正月壬申，第1544页。
③ 《明太祖实录》卷103，洪武九年春正月癸未，第1738页。
④ 《明太祖实录》卷之173，洪武十八年五月己丑，第2638页。
⑤ 《明太祖实录》卷之193，洪武二十一年九月壬申，第2901~2902页。

士八万余人，由海道运粮至辽东，以给军饷。凡赐钞二十九万九千九百二十锭。①

（洪武二十九年四月戊戌）中军都督府都督佥事朱信言，比岁海运辽东粮六十万石，今海舟既多，宜增其数。上命增十万石，以苏州府嘉定县粮米输于太仓，俾转运之。②

从这些运送粮食布花的数字里，可以看出当时辽东军士对海运物资的依赖程度。洪武一朝是明代辽东与山东之间联系最为紧密而有效的时期，为实现对辽东的控制，山东投入了大量人力和物力支持。时任登州知府的林弼称："青齐负海，在昔擅鱼盐之利，入国以来田赋既增，而漕运辽东道必由之，于是事始剧矣。"③

除提供后勤物资外，许多山东籍军士和家属④也被安排在辽东驻守，进行最初的恢复与重建工作。如设在辽阳的定辽左卫就是由五千六百名青州土军组成，而定辽右卫的军士则包括五千名莱州土军⑤。在后来设立的沈阳中、左二卫的人员中，也包括许多山东校卒⑥。

正是基于这种密切的联系和依赖，洪武二十九年（1396）十月，当全国进行按察分司的设置调整时，辽东都司所属地方被编为山东

① 《明太祖实录》卷之245，洪武二十九年三月庚申，第3553页。
② 《明太祖实录》卷之245，洪武二十九年四月戊戌，第3560页。
③ 林弼：《林登州集》卷12，《赠陈执中序》，《北京图书馆古籍珍本丛刊》，书目文献出版社，1998，第13页a。
④ 《明太祖实录》卷134，洪武十三年十二月戊午，第2132页。
⑤ 《明太祖实录》卷87，洪武七年正月甲戌，第1544～1545页。
⑥ 《明太祖实录》卷179，洪武十九年八月辛丑，第2706页。

按察司下属的辽海东宁分巡道①，使辽东的司法监察事务隶属山东管辖，两地之间正式建立起行政制度上的关系。到正统年间，山东布政司下属设立辽海东宁分守道②，使辽东全境的民政事务也正式纳入山东管辖范围。

这是中国历史上唯一一次以辽东隶属山东的行政设置。明人总结其原因，认为是登辽海道将两地联系在了一起。《全辽志》中载巡按周斯盛言："国家建置之初，以之（辽东）隶山东者，止以海道耳。"③ 后来山东巡抚王在晋也在《三朝辽事实录》中称："洪武辛亥，（辽地）以渡海定辽之故附山东。"④ 顾祖禹在《读史方舆纪要》中也回顾说："而辽东隶于山东，亦以登、莱海道也。"⑤ 辽海东宁分巡道和分守道的设立，正是决策者们对登辽之间紧密联系既成事实的肯定。可以看出，由于登辽海道和海运的存在，当时辽东对山东的依赖比对其他周边地区都更加明显，因此受山东管辖也最为合理。

除后勤转运职能外，当时的登辽海道还是从都城到辽东主干道的组成部分。当时明朝国都尚在南京，从都城前往辽东，登辽海道是必经之途。据洪武二十七年（1394）成书的《寰宇通衢》记载，由京城出发至辽阳有两条路径，一条是北上山东蓬莱，然后经登辽海道渡海

---

① 《明太祖实录》卷247，洪武二十九年十月甲寅，第3592～3593页。

② 《全辽志》卷3《职官志·分守道》，《辽海丛书》，辽沈书社，1985，第581页。

③ 《全辽志》卷1《山川志·海道》，第539页。

④ 王在晋：《三朝辽事实录》"总略"，《四库禁毁书丛刊》，北京出版社，2000，第3页 b。

⑤ 顾祖禹：《读史方舆纪要》卷36《山东七·登州府》，《中国古代地理总志丛刊》，中华书局，2005，第1681页。

到辽阳的海陆兼行路径，总共经过四十驿，行程三千零四十五里。另一条则是绕行今山海关到辽阳的陆路，总共需经过六十四驿，行程三千九百四十四里，比前者多了将近一千里①。因此这条路线成为都城与辽东之间的主要交通道路，辽东官员任免、朝鲜使臣往来都需经此道进行。在洪武年间的明人行程记录中，经常可以看到这样的记载：

> 洪武十年夏四月，有僧自辽之金山越海而来。……四月，渡沧海于登莱，当月至京师。②

《戍辽渡海》：

> 天风万里嘆洪涛，惊见神峰立巨鳌。……未结柳船驱五鬼，又将蓬鬓犯三韩。③

---

① 《寰宇通衢》中《京城至辽东都司》条，由登辽海道所经水马驿如下。水驿：龙江驿、龙潭驿、仪真驿、广陵驿、邵伯驿、盂城驿、界首驿、安平驿。马驿：淮阴驿、金城驿、崇河驿、潼阳驿、兴国庄驿、上庄驿、东海驿、王坊驿、傅疃驿、白石山驿、桃林驿、东关驿、药沟驿、密水驿、丘西驿、苏村驿、城南驿、朱桥驿、黄山馆驿、龙山驿、蓬莱驿，过海后又有旅顺口驿、木场驿、金州在城驿、孛兰驿、复州在城驿、五十寨驿、熊岳驿、盖州在城驿、耀州驿、海州在城驿、鞍山驿、辽阳驿；经由榆关的陆路则是会同馆、江东驿、江淮驿、东葛城驿、滁阳驿、大柳树驿、池河驿、红心驿、濠梁驿、王庄驿、固镇驿、大店驿、夹沟驿、桃山驿、黄河东岸驿、利国监驿、临城驿、滕阳驿、界河驿、邾城驿、昌平驿、新桥驿、东原驿、旧县驿、铜城驿、荏山驿、鱼丘驿、太平驿、安德驿、东光驿、阜城驿、乐城驿、瀛海驿、鄚城驿、归义驿、汾水驿、涿鹿驿、固节驿、燕台驿、潞河驿、夏店驿、公乐驿、渔阳驿、阳樊驿、永济驿、义丰驿、七家岭驿、滦河驿、芦峰口驿、榆关驿、迁安驿、高岭驿、沙河驿、东关驿、曹家庄驿、连山驿、杏山驿、小凌河驿、十三山驿、板桥驿、沙岭驿、牛家庄驿、海州在城驿、鞍山驿、辽阳驿。杨正泰：《明代驿站考》增订本附录一，上海古籍出版社，2006，第184~185页。

② 朱元璋：《明太祖集》卷14《僧智辉牛首山庵记》，黄山书社，1991，第291页。

③ 孙蕡：《西庵集》卷6《戍辽渡海》，《文渊阁四库全书》，台湾商务印书馆，1983，第16页b。

由于地处要津，又凭借国家政策带来的有利形势，洪武年间的登辽海道在国计民生中发挥了重要作用。即使在辽西地区也归于明朝治下，山海关—辽西走廊一线驿路开辟之后，陆路也未能完全取代登辽海道的地位。当时登辽关系格外密切，不但辽东后勤供应由此得到充分保障，山东沿海地区也获得了发展与繁荣。登州因此由州升为府，获得了更高的行政地位①。

明中期登辽海道衰落的原因考察

登辽海运奠定了明初对辽东实行稳固统治的基础。然而明中期之后，登辽海道却逐渐衰落，以致彻底关闭，给登辽两地的民众生活和辽东边疆防御带来了极大不便。当晚明人回顾这一事件时，通常认为是由正德年间的刘瑾造成，如万历年间山东巡按御史王雅量言：

> 弘治十八年舟坏运废，正德年间海运复通，商贾骈集，贸易货殖，络绎于金、复间，辽东所以称乐土也。自逆瑾用事，海船损坏不修，料价干没，山东本色悉改折色，由山海陆运入辽，海运复废。②

王雅量提到的海船损坏、布花折色都是当时确实存在的问题，但登辽海运的废弛与海道的衰落，却是一个长期而复杂的过程，并

---

① 陆钸等：(嘉靖)《山东通志》卷15《登州府》，《四库全书存目丛书》，齐鲁书社，1996，第114页。

② 《明神宗实录》卷543，万历四十四年三月戊子，第10320页。

非一时一人之力所能造成。首先从文献记载中可以看出，海运规模的缩减，早在洪武末期就已经开始。原因是海道运输虽在辽东初归附时发挥了巨大作用，但毕竟只是战时的权宜之计，运船倾覆导致重大伤亡的事件时有发生，以至于"一夫有航海之行，家人怀诀别之意"①。如洪武七年（1374），定辽卫都指挥使马云率领的运粮船队在海上遭遇暴风，"覆四十余舟，漂米四千七百余石，溺死官军七百一十七人，马四十余匹"②，损失惨重。因此当明初战争状态结束，转入和平建设时期以后，供给辽东的长途军粮海运最终被当地屯田所取代。洪武三十年（1397）十月，朱元璋诏称：

> 辽东海运，连岁不绝。近闻彼处军饷颇有赢余，今后不须转运，止令本处军人，屯田自给。③

永乐年间，从江南到北方的大规模运粮停止后，登辽海道仍承担着原有的交通和贸易职能。因辽东缺少布匹，山东仍按照惯例运送布匹和棉花，岁运"布三十三万三千八百九匹，花绒一十三万九千五百八十斤，由海运自登州府新河海口舟运至金州卫旅顺口交卸"④。这是一项彼此两利的措施，给登辽两岸的经济和民众生活都带来了便利，如郑晓在《今言》中所说：

---

① 《明太祖实录》卷145，洪武十五年正月丁丑，第2283～2284页。

② 《明太祖实录》卷90，洪武七年六月癸丑，第1584页。

③ 《明太祖实录》卷255，洪武三十年十月戊子，第3684页。

④ 刘效祖：《四镇三关志》卷4《粮饷考·辽镇粮饷》，《四库禁毁书丛刊》编纂委员会编，《四库禁毁书丛刊》史部第10册，北京出版社，2000，第116页。

> 辽山多，苦无布。山东登莱宜木绵、少五谷，又海道至辽一日耳。故令登莱诸处田赋，止从海运。运布辽东，无水陆舟车之劳，辽兵喜得布，回舟又得贩辽货，两便之。①

在明代前期，真正对登辽海道地位造成重大冲击的事件，应是明成祖迁都北京。迁都后，从北京前往辽东只须经由山海关陆路，而不必再经过登辽海道绕行，使其在全国交通路线中的地位急剧下降。从《一统路程图记》中可以看出②，登辽海道已被彻底排除在从首都通往辽东的主要交通线之外，成了一条僻处海隅的局域交通线，仅承担登辽两地间海运布花和民间交往的职能。

而且此时的登辽海运已经不再是战争状态下的国家强制行动，而是和平时期按部就班的固定程序。随着时间的推移，海运事务中产生诸多细节矛盾，辽东与山东之间的地域利益冲突也逐渐显露出来。虽然辽东的民政和司法事务在名义上归山东管辖，但主管辽东事务的辽东都司却独立于山东管辖之外，这使得两地的地位相对平等，因此在发生利益冲突时也更加互不相让。比如在货运交接环节，按照原有规定，山东运船应先将棉布运抵辽东，由辽东官员查验数量及质量，确认收货后再行返回。但正统二年（1437）时，山东左

---

① （明）郑晓：《今言》卷3，中华书局，1984，第118页。

② 《一统路程图记》卷4，《开原城由山海关至北京路》：开原城，三万卫驿，嚣州驿，懿路驿，沈阳卫在城驿，辽阳镇，鞍山驿，海州卫在城驿，牛家庄驿，沙岭驿，广宁城板桥驿，十三山驿，小凌河驿，杏山驿，连山驿，曹家庄驿，东关驿，沙河驿，高岭驿，山海关，迁安驿，榆关驿，卢峰驿，永平府滦河驿，七家岭驿，义丰驿，永济驿，阳樊驿，渔阳驿，三河县三河驿，通州潞河驿，北京城。杨正泰：《明代驿站考》增订本附录二，上海古籍出版社，2006，第233页。

参政王哲称：

> 登州府每岁转运绵布，赴辽东都司给赐军士。比至，收受
> 官员故称纰薄短窄，责令转运之人赔偿，以此破家者众。请敕
> 辽东都司每岁委官一员，同布政司委官预赴登州府验视，中度
> 者方行转运。上从之。①

由于辽东军官勒索山东转运船只，在山东官员的提议下，棉布
交接程序被改在山东进行。辽东派员前往山东查验棉布数量和质量，
合格后再装船启运，"勒取登州府解户布、钞等物"② 的辽东军官也
受到降职处罚。问题看似得到解决，但新情况又随之出现。正统十
一年（1446），辽东官员奏称：

> 近例辽东差官往山东领运（布花钞锭），所差官俱系（山
> 东）布、按二司所属，每有不堪，徇私顺受，军士不得实惠。
> 请今后照旧例，命布政司部领过海，交付巡抚都御史给散。③

当货物交接改在山东进行后，占有地利的山东官员又开始徇
私克扣，以次充好。但由于辽东派往山东交接货物的是辽海东宁
分守道和分巡道下属官员，在职务上归山东布政司和按察司管
辖，所以也很难对货物的质量和数量提出异议。因此辽东总兵官
请求将交货地点仍改回辽东，以保证辽东军士的权益。又如景泰

---

① 《明英宗实录》卷28，正统二年三月乙己，第561～562页。
② 《明英宗实录》卷40，正统三年三月己亥，第776页。
③ 《明英宗实录》卷147，正统十一年十一月乙丑，第2885页。

三年（1452）时：

> 近登州卫言：洪武、永乐中，本卫海船偿运军需百物赴辽
> 东者，俱旅顺口交卸，甚便。近令运至小凌、六州河、旅顺口、
> 牛庄河四处交收。缘小凌河等处滩浅河淤，往往损失，即今运
> 去回，船回再去，秋深风高，海洋险远，尤为不便。请于所余
> 布花钞锭六十余万，暂运于旅顺口，以后年份仍运于小凌河四
> 处，宜暂允所请。从之。①

按照原有规定，山东运往辽东的军需物资从登州港出发，全部
送达距登州最近的旅顺口，再由辽东各卫分别前去领取。这对登州
卫而言，显然是最便利的方案。然而新规定令运船将货物分别送往
辽东海岸线上远近不等的小凌河、六州河、旅顺口、牛庄河四地，
这虽然有利于辽东各卫领取物资，却也增加了山东运船的工作负担
和技术困难。在登州卫看来，新增加的这些交接地点不但延长了航
行路程和时间，如果遇上秋深风高的恶劣天气，还可能造成事故损
失。而且这种损失还需运送者自己赔付②，自然造成了山东方面的不
满。这些利益冲突与矛盾直接影响了山东方面运送布花的积极性，
因此对海运事务产生懈怠甚至抵触情绪。

除这些主观细节原因外，登辽海运的衰落与时代背景关系更为
密切。自永乐之后，明代海洋航运事业呈现普遍下滑趋势，自此直

---

① 《明英宗实录》卷217，景泰三年六月甲申，第4691页。
② 《明宣宗实录》卷81，宣德六年七月癸未，第1884~1885页。

到嘉靖的百年间，从山东到辽东的布花转运事务呈现出两个明显的变化。一是山东布花更多从山海关陆路而非登辽海道运往辽东，二是将布花折银的现象与日俱增，最后完全取代了原有的本色缴纳。从表面上看，这些变化一方面是因白银货币日趋广泛使用所致，另一方面是因登州港海船损毁严重，数量减少以致运力不足造成。但从当时的各种现象分析可知，其背后还有更多深层原因。

布花由海路改为陆路运输，客观来看，主要与山东和辽东的地理形势有关。通过登辽海道运送山东全省六府的布花，原本就不是最合理的选择。因为山东和辽东内部都存在着明显的东西地域差异，辽东地方以辽河为界，分别以辽阳和广宁为中心，形成河东与河西两个相对独立的区域。而在山东，西三府济南、东昌、兖州位于运河沿线，更便于内陆交通，东三府青州、登州、莱州则位于胶东丘陵及其周边，距海洋更近。由于登辽海道位置偏东，更便于辽河以东地方与登莱等地进行海上交流，而辽西与鲁西之间的交流，则以经辽西走廊和山海关的陆路交通更加便利。由于距登辽海道较远，又有山岭阻隔，如果先将鲁西三府的布花运往登州港，再经海道集中运往辽东，不但会消耗陆运费用，增加海运负担，还会给布匹的储存造成诸多不便。正统元年（1436）时，就发生了"山东六府布花钞，俱运赴登州卫，拨舡装送过海，给赏辽东军士。而船运不时，堆积守候，多至损坏"[1] 的事件。于是到景泰七年（1456）时，单一通过登辽海道运送物资的制度终于作出了相应调整：

---

[1] 《明英宗实录》卷13，正统元年正月壬申，第230页。

> 户部奏：山东登州卫海船损坏者多，其应赏辽东军士布花不敷运给。宜令本布政司量拨济南、东昌、兖州三府棉布一二万匹、棉花五万斤、钞五十四万贯，运赴山海卫堆积，仍行广宁卫差官验收，量拨军夫运回本卫，以俟辽河以西各卫所官军关领给散。从之。①

于是辽东二十五卫以辽河为界，河西十一卫所需的俸钞布花由鲁西三府提供，经山海关陆路运送；河东十四卫则由鲁东三府供给，经登辽海道运送。但此后登州海船损毁越发严重，海道运力进一步下降，再加上山东方面对海运的懈怠，"船只损坏者无人修理，钞布拖欠者不肯补还。至成化十三年海运不通，官军绝望，祖宗制度废弛尽矣"②。于是成化十四年（1478）初，巡按山东监察御史王崇之提出了将本色布花折银运往辽东的建议：

> 辽东阻隔山海，官军俸钞、布花类皆取给山东、河西诸卫。今陆輓既难，海运复废，军士怨嗟，恐贻意外之患。乞敕山东布政司将原欠布钞折价赍银，以纾目前之急。③

同年五月，锦衣卫带俸指挥吴俨也奏称海运船只经常漂没，"辽东军士，冬衣布花出自山东民间……岁由海道以达辽东，多为风波漂没，民被其害，而军不沾实惠。乞敕该部议，将（成化）十四年

---

① 《明英宗实录》卷 270，景泰七年九月乙未，第 5733 页。

② 王崇之：《辽阳时政疏》，《明经世文编》卷 49，中华书局，1962，第 381 页。

③ 《明宪宗实录》卷 175，成化十四年二月庚子，第 3155 页。

以后每粮一石收银四钱，于陆路解送边方，以给军需，庶免飘没，而军民俱便"①。

针对这些意见，户部认为"辽东地无布花，若令折银，恐后难继，然既岁久数多，亦暂准所言，俟后仍如旧例"②。辽东缺布，不能完全用折银取代，所以只能采取折中方案，先将积压布花折成银两，待造出运船之后，再行海运。然而成化之后登州港运力继续下降，即使除去鲁西三府，当地储藏的东三府布花也难以尽行运输。到弘治十六年（1503）时，登州府收储的布匹已是"积多且朽，难以尽运。乞准作沿海官军月粮之数。每米一石折给布一匹"③。

将布花折银固然有其客观原因，但从当时的记载中可以看出，在本色折银的过程中有差价利润可图，这也使得折银举措日渐增多。如《明武宗实录》中关于正德三年（1508）的记载：

> 山东登州府丰益、广积二库所收登宁等八场折盐布匹，例以海船运赴辽东，分给军士。近因船坏未修，不能转运，岁久积多，无所于贮，恐致腐坏，欲借充沿海军士月量，且请折收银价。户部议移文巡按御史，督二司守巡等官，核其所积之数，以见在海船陆续运送辽东，仍严督该卫修船备用，不得仍前折银，致误边计。有旨令输所积布赴京库收用，不必往复延滞。辽东官军今年俸粮，户部别为计处，务令两便。海船仍令所司

---

① 《明宪宗实录》卷178，成化十四年五月甲申，第3211页。
② 《明宪宗实录》卷178，成化十四年五月甲申，第3211页。
③ 《明孝宗实录》卷196，弘治十六年二月壬戌，第3625页。

修造，毋致废弛。于是户部覆奏，输京之布其鲜洁可用者，可四十万匹，每匹折银二钱五分，则为银十万两，宜兑支本部及太仓银，运送辽东，以作官军俸粮。有旨，疋折银二钱。时已停年例输边之银，乃复取输边之布入京，而以银折之，瑾之好为纷更如此。①

这段记载，应当就是本章开头王雅量提到"自逆瑾用事，海船损坏不修，料价干没，山东本色悉改折色，由山海陆运入辽，海运复废"的来源。可见当时登州府的意见是将库存布匹充作沿海官军的月粮，而辽东军需可按照先例以折银方式供给。但户部认为一再折银会使辽东物资匮缺，因此决定仍将库存布匹装船海运。然而刘瑾却坚持将存布折银，目的是从折银差价中牟利。《全辽志》则从另一个角度记载称："正德初，登州守臣具奏，布花暂解折色，比本色仅可当半，盖一时纾省民力之意。"② 布花折银后只相当于原价的一半，实际上减轻了登州的税额，缓解了当地负担。

无论陆运还是折色，这些政策变更的前提是登辽海船的日渐损毁。山东登州卫原有海船一百只③，正德元年（1506）时，登州府尚存十八只海船运送布钞，然而船只保养维护的代价太大，一旦海上遇险被毁，必定得不偿失。"每造一船，用银六七千两，既成，复不堪驾运。其遭风而毁者，所鬻之价，仅得四十分之一。"④ 用以造

---

① 《明武宗实录》卷41，正德三年八月己卯，第958~959页。

② 《全辽志》卷5《艺文志上·海道奏》，第666页。

③ 李昭祥撰，王亮功校点《龙江船厂志》卷1《典章》，第7页。

④ 《明武宗实录》卷11，正德元年三月乙丑，第351~352页。

船和修船的摊派银成为各地的沉重负担，登辽海运也演变成一项投资高、风险大、劳民伤财的弊政。于是嘉靖三年（1524），登辽海船终于彻底停造：

> 先是，南京工部派征浙江、江西、湖广、福建诸省银六万余两，造海船运送山东青州诸府布花于辽东，以给军士兼防海寇。其后青州诸府以海运多险，已将布花议折银输辽东，而派征造船银雨如故。至是，南京工部右侍郎吴廷举言，海船之造，劳民伤财，无益于用，请革之。便下工部议以为可，上从之。诏自今海船罢造，勿复征派扰民。①

然而如本文第一节中所述，登辽两地间路途并不遥远，"自金州旅顺口达登州新河关，计水程五百五十里，而海中岛屿相望，远不过百余里，近数十里，可泊舟避风涛，故道具在，海边居人能屈指而计也"②。两地间顺风时半日即可到达，又有此前积累的千百年航海经验，本应该稳妥进行的登辽短途海运，为什么会屡屡发生风险事故呢？

《筹海图编》中有一段记载，从中可看出登辽海船损坏的实际原因：

> 闻辽东天井之国，百货难出；登莱苦盐之地，物产不多。而登、辽隔海甚近，风顺半日可达。太祖旧制，岁运登、莱花

---

① 《明世宗实录》卷41，嘉靖三年七月丙戌，第1081页。
② 《抚辽奏议》卷6《海道》，《续修四库全书》，上海古籍出版社，2002，第3页 b。

布以给辽军，辽阳之货亦得载于山东，彼此军民交受其利。既而捕巡官军假公济私，报称官船不许私载之律，往往搜捕攘夺。故海船不敢入港，远泊大洋，潜以小舟私渡，数被风涛损失，官费修造，咸议其不便，遂奏折银陆运。海道既绝……①

由此可知，山东运船返航时私载辽东货物，海防官军借机勒索，海船为躲避搜查不敢入港，偏离航线远泊大洋，才会遭遇风浪以致损毁。登辽海运的衰落原因，首先是山海关陆路分流了原登辽海道的部分布花运量，而余下的海运也因政策和管理中的问题而得不偿失、日渐衰落。明初建立起的正常海运线路和秩序被破坏，耗费大量银两对损毁船只进行维修，终因劳民伤财而停造停运，长达一百五十年的辽东海运就此废弛。这其中既有客观条件的影响，更是管理中的人为因素所致。

明后期登辽海禁的原因及对两岸民生的影响

海运布花制度废弛后，登辽之间逐渐形成了彻底海禁的局面。由于嘉靖年间中国沿海常实行海禁，登辽海禁看似也只是全国统一政策中的一部分，但从当地的具体情况看，与南方沿海因倭寇导致海禁的情形又有很大不同。嘉靖年间的辽东官员陈天资将当时登辽海禁的原因总结为三条，即海洋风险、倭患和逃军，随即又对这三条原因逐一进行了驳斥：

① 胡宗宪：《筹海图编》卷 7，第 17 页 b。

或有一患风波覆溺为说者。然江、浙、闽、广、苏、松之间海舟往来，未始以风波故遽绝海估。纵有之，亦估客贪利，舟载溢量，兼之舟人驾驶不谨致。然耳风波虽内河时亦不免，岂特辽海之中能溺人哉？

或又有以虑倭患为说者。然倭自（永乐年间）刘江望海堝之捷，至今怀畏，未敢萌一念以窥辽右。且其国距辽远甚，而辽又居登莱海岛之内，东南山一带险巇，隔海千余里，倭岂能飞度至辽也？辽不自惧，而登人反代辽忧，果何为也？

或又有以虑逃军为说者。然考海商之出自辽者，引给于察院，挂号于苑马寺，验引有金州之守备，验放有旅顺之委官，抵登则又有该府通判之验，有备倭都司之验，法亦严密甚矣。逃军岂能越度？①

以上三点理由中，海运风险已在本文第二部分中进行分析，它只能导致海运停止，却不构成海禁的理由。担心倭患的理由也并不充分，因为当时登辽一带并没有南方那样严重的倭患。如明人所言："往者倭奴之人，闽浙为甚，苏松淮扬次之，登莱又次之，而辽左则绝无至者，其地形水势不便也。通倭之人，亦惟闽浙习为之，而辽左不能，其船只舟师不惯也。"② 从当时情况来看，对两地关系影响最大的，当是陈天资所说的第三条，即辽东逃军问题。陈天资在驳斥中称辽东勘察严格，军士很难从登辽海道逃亡，但从当时的记载

① 《全辽志》卷5《艺文志上·海道奏》，第666页。
② 《明神宗实录》卷543，万历四十四年三月戊子，第10321页。

来看，嘉靖年间的辽东逃军现象已经非常严重。他们占据登辽之间的海岛，对山东沿海安全形成困扰，官方担心其将来会"勾结倭寇为患"①，这应是当时实行登辽海禁的一个重要原因。

辽东军士逃亡现象从明朝前期就已开始。由于地处东北，辽东气候较内地更为寒冷，在当时人看来，辽南的盖州卫已是"地颇寒苦"②，辽北的开原一带更是"每岁未秋，劲风先至。三冬，江海为之合冰，山川雪凝，平地丈余……'非茹腥膻而不能居此方'"③。又因辽东山地居多，可耕种土地较少，明初以后屯田制度日渐崩坏，卫所军官"往往占种膏腴，私役军士，虚报子粒，军士饥寒切身，因而逃避"④。早在宣德时，已是"军士在戍者少，亡匿者多，皆因军官贪虐所致"⑤，到成化年间海运废弛，将士缺乏冬衣，更使得"军士冻馁流离，缺伍者多，官员剥军自养，废职者众"⑥。

辽东军士逃亡后，或回原籍，或逃入附近少数民族地区乃至朝鲜境内，或逃往登辽之间的海岛，开发岛田耕种。他们最初聚集在辽东近海岛屿，如位于今普兰店湾内的万滩岛⑦等地，后来聚集的海岛范围逐渐向南扩展，山东近海的许多岛屿上也遍布辽人。弘治以后逃人聚集海岛的记载大量增加，嘉靖年间进入高发期，"流移逃

---

① 《明世宗实录》卷53，嘉靖四年七月壬戌，第1314页。
② 《辽东志》卷7《艺文志·张盖州耆德记》，第458页。
③ 朱元璋：《明太祖集》，卷14《僧智辉牛首山庵记》，黄山书社，1991，第291页。
④ 《明英宗实录》卷108，正统八年九月戊寅，第2195页。
⑤ 《明宣宗实录》卷107，宣德八年十二月庚午，第2401页。
⑥ 王崇之：《辽阳时政疏》，《明经世文编》卷49，第381页。
⑦ 《明宣宗实录》卷108，洪熙九年二月戊午，第2423页。

通，潜藏日久"①。最初只是开田谋生，后来却是"亡命交匿于诸岛，时时出剽掠……击之则虑起兵祸，勿击则（登莱）二郡绎骚无已"②，对山东沿海的安定造成了很大威胁。明代普遍实行内敛的海洋政策，在处理具体事务时，禁绝远多于疏导，早在洪武年间，朱元璋就认为"海滨之人，多连结岛夷为盗"③，因而令军民不得乘船出海。虽然嘉靖年间的辽东和山东沿海还未曾出现严重倭患，但在当时南方沿海倭患频发、全面实行海禁政策的背景下，辽东军士逃亡、岛民啸聚、勾通倭寇三类事件被联系在一起，成为登辽海禁的主要官方理由。

此外，从陈天资"辽不自惧，而登人反代辽忧，果何为也"一语中可以看出，当时的辽东官方认为是山东在主张海禁，并认为在山东强调倭患的背后，还另有原因。嘉靖《全辽志》中称，在从海运衰落直至实行海禁的过程中，由于航运不通，山东本应交付给辽东的积压布花数目逐年增加，"近积欠至七十余万，即是则海禁之意不在所言之害，而恐（海道）通后，吾执左券以责备耳"④。在他们看来，如果重开登辽海道，山东将没有理由再拖欠辽东的布花，山东方面是担心辽东向其索债，才不愿重开海运。

然而山东登莱濒临大海，同样依赖海洋渔业与海上贸易，且当地是产棉区，本色布花比折色银两更易缴纳。在海洋贸易畅通时偶

① 《明世宗实录》卷53，嘉靖四年七月壬戌，第1314页。
② 王世贞：《弇州四部稿》卷87，《中顺大夫山东按察司副使少谷温公墓志铭》，《文渊阁四库全书》，台湾商务印书馆，1983，第17页。
③ 《明太祖实录》卷219，洪武二十五年七月己酉，第3218页。
④ 《全辽志》卷1《山川志·海道》，第539页。

尔执行折色，或能起到舒缓民力的作用，但如果在完全海禁前提下年年实行折银，不但布花无处销售，更无法获得银两以供缴纳，只会加重当地负担。因此，登州官方对海运布花事务会有所懈怠甚至拖延，但如果因此而倡导民间彻底海禁，于本地民生并无利益。如《四镇三关志》评论登辽海运时说：

> 或曰：山东人不愿为之。嗟嗟！非然也。余检往牒，即墨人苦布花之折色矣，登州人苦禁海之萧条矣。何言山东人不愿也？山东人愿，辽人愿，则不愿者谁乎？余不知其故矣。①

那么登辽之间究竟为什么要实行海禁？这主要应与明代都城防御政策和海防建设的整体思路有关。从明代开国时的布局来看，从来就没有计划让山东和辽东沿海充分开展外向型海洋经济，而是从一开始就将它们设置为军事互助防御地区。明朝自初建时起便面临着来自倭寇的海防压力，洪武二年（1369），"倭人入寇山东海滨郡县，掠民男女而去"②。在洪武七年（1374）进行从江南太仓到辽东的长途海运期间，曾督理海运的靖海侯吴祯还要负责督兵捕倭事宜③。在朱元璋看来，"沧海之东，辽为首疆，中夏既宁，斯必戍守"④。作为明代中国东北方屏障，辽东在面向东北亚地区的整体防

---

① 《四镇三关志》卷4《粮饷考·辽镇粮饷》，第116页。
② 《明太祖实录》卷38，洪武二年正月，第781页。
③ 徐纮：《皇明名臣琬琰录》卷5《海国襄毅吴公神道碑铭》，《明代传记丛刊·名人类》第43册，台湾明文书局，1991，第143~144页。
④ 《明太祖实录》卷103，洪武九年正月癸未，1739页。

御体系中占有重要地位。又因"登、莱二州皆濒大海，为高丽、日本往来要道"①，故在两地建立府治，增加兵力，作为防海备倭的前沿要地。当明成祖迁都北京后，"国家都燕，大海在左肱"②，辽东半岛与山东半岛的海防战略地位更为重要。它们隔海相对，成掎角之势，共同组成了从海上捍卫京师的第一道防线。当时山东沿海设有登州、文登、即墨三个水军营，辽东沿海也有包括关、城、堡、台、墩在内的一系列军事防御建筑。虽然自永乐年间之后，倭寇极少来到辽东和山东，但从明廷的经营思路看来，两地的战略意义远大于经济意义。"辽东之地，南拒倭寇，东连高丽，北控胡虏"，③登州"三面距海，为京东扦屏"④，从边防部署上来看，这两个半岛只是全国军事布局中的一颗棋子，其地区利益必须服从整体安排，如明人所说："登州备倭之设，祖宗盖为京师，非为山东也。……故论京师，则登州乃大门，而天津二门也。"⑤明代后期，在中国南方沿海普遍受到倭寇侵扰，北方防御又呈内敛保守状态的整体形势下，渤海周边的经营更呈现出谨慎内敛的趋势。由于"登、辽与倭共此一水……辽与京畿陆地相接"⑥，两地间的海洋交流被视为可能导致

---

① 《明太祖实录》卷106，洪武九年五月壬午，第1768页。

② 王宗沐：《〈海运志〉序》，杨晨纂《赤城别集》卷3，《丛书集成续编》第121册，新文丰出版公司，1989，第739页。

③ 《明宣宗实录》卷107，宣德八年十二月庚午，第2401页。

④ 蓝田：《总督备倭题名记》，张永强著《蓬莱金石录》，黄河出版社，2007，第415页。

⑤ 王士性：《广志绎》卷3《江北四省》，《笔记小说大观》，四十三编第5册，新兴书局，1986，第60页。

⑥ 陶朗先：《陶中丞遗集》卷下《登辽原非异域议》，《明清史料丛书八种》第4册，北京图书馆出版社，2005，第74页。

倭患的隐忧，控制渤海海峡附近的海上活动，也成了海防建设中的重要步骤。与京师的安全相比，无论是辽东方面提到的山东拖欠布花款项还是辽东方面未提到的逃军侵扰山东沿海，都只能算是实行海禁的次要原因。当地的外向型海洋经济和相互交流无法得到足够的支持，只能受到限制和打击。

然而海禁政策只能切断官方海运，登辽民众沿袭千万年的生活方式很难彻底改变，民间的自发贸易一直在努力进行。如《筹海图编》中所言："从来公事不如私事之勤劳，官物不如民物之坚厚，"①走私取代了海运，渔船代替了官船，"虽隔绝海道，然金州、登莱南北两岸间，渔贩往来动以千艘，官吏不能尽诘"②。

在嘉靖之后的隆庆年间，山东也曾采取措施，将附近二十个海岛明确归属，分别划给青州、登州、莱州三府管辖，并采取严保甲、收地税、查船只、平贸易、专责成、修哨船等措施，强化海岛管理，又与辽东方面协作，"令辽镇重禁金州等处人，毋复越海"③，收到了一定成效。但神宗即位后，登辽间开始执行更严格的海禁政策，官方采取坚壁清野措施，将山东登莱各岛全部招抚荡平，严格限制民间渔船数量，其余船只全部劈毁④。辽东巡抚顾养谦记述：

> 辽左亡命逃入海岛中，渐众而数为盗，又藏匿辽左逃亡卒，

---

① 胡宗宪：《筹海图编》卷 7，第 17 页 a。
② 方孔炤：《全边略记》卷 10，《四库禁毁书丛刊》编纂委员会编《四库禁毁书丛刊》史部第 11 册，北京出版社，2000，第 356 页。
③ 《明穆宗实录》卷 61，隆庆五年九月丙寅，第 1482 页。
④ 《明神宗实录》卷 28，万历二年八月壬戌，第 691 页。

或杀之海中，为害日甚。抚臣奉命设策，悉招降其众，散之金、复间，使复其业，焚烧岛中屋庐，凿舟塞井，而沉其器具于海。海患平而设禁，禁海不得通，登辽遂绝。①

这是登辽间禁绝往来最为彻底的时期。"山、辽抚按将商贩船通行禁止，寸板不许下海，仍严督沿海官军往来巡哨。"② 这些强硬措施在短期内看似有效，实际却是消极的只破不立，徒使大量岛田民徒地空③，却未能建立起长期有效的海岛发展秩序。而流民啸聚现象也并未从此绝迹，整肃之风过后，很快死灰复燃。浙江秀水人陶朗先在万历后期担任登州知府，对当时登辽间的海岛情形有详细描述：

> 登至辽之路从东北行，而海中诸山如螺如黛，绕于登辽之间，俗谓之岛。岛有在登境而应属登辖者，有在辽境而应属辽辖者。其中灌莽阴森，鞠为茂草者固有之，乃平衍膏腴，可井而耕者不小矣。自登辽戒绝往来，而海中诸岛一并弃而不问，海贼乘机盘踞其中，非夏非夷，自耕自食。问之辽，曰："登之流民也。"问之登，曰："辽之遗寇也。"如刘公岛一处，离威海卫不百里，海贼王宪五造房五十三座，踞而有之。职督率汛兵逐其人，火其庐，而其地见在丈耕。他如黑山、小竹、庙岛、

---

① 顾养谦：《抚辽奏议》卷6《海道》，《续修四库全书》，上海古籍出版社，2002，第3~4页。

② 《明神宗实录》卷8，隆庆六年十二月辛未，第294页。

③ 《明神宗实录》卷279，万历二十二年十一月壬午，第5157页。

钦岛、井岛等处，业已开田八千余亩。①

可见海禁政策不但未能解决海岛问题，反而使两地官员有了相互推脱责任的理由。官方放弃管理，客观上给岛上的流民提供了发展空间，使海患越发严重，而辽东逃军现象也并未因海禁而得到控制。卫所、屯田制度废弛已久，边疆秩序越发混乱，军士逃亡现象愈演愈烈，到万历后期，辽北重镇开原城中已经不满两千户②。官方无法在源头加以有效控制，却希望通过阻塞海道的方法制止军士外逃，自然成效甚微。如陶朗先所言：

> 至于逃军一项，何地无之，亦何地必欲以海为限？虑辽军之逃，而以不通海运堙之矣。彼大同、宣府、宁夏、延绥等边皆无海者，将特凿一海以界之乎？③

在辽东日趋凋敝的前提下，即使没有海道，军士们也会从山海关逃亡，或者逃向兀良哈和女真、高丽等地。而当时的海禁措施也是名存实亡，实际操作中存在许多管理疏漏，根本无法制止军士外逃。《万历野获编》中就载有这样一个事例：

> 曾记幼年侍先人邸之，有吴江一叟，号丁大伯者，家温而喜啖饮，久往来予家。一日忽至邸舍，问之，则解军来，其人

---

① 陶朗先：《陶中丞遗集》卷下《登辽原非异域议》，第82~83页。
② 冯瑗：《开原图说》卷上，凤凰出版社编《中国地方志集成·辽宁府县志辑·12》，凤凰出版社，2006，第6页。
③ 陶朗先：《陶中丞遗集》卷下《登辽原非异域议》，第86页。

乃捕役，妄指平民为盗，发遣辽东三万卫充军，亦随在门外。先人语之曰：慎勿再来，倘此犯逸去奈何？丁不顾，令之入，叩头自言姓王，受丁恩不逸也。去甫一月，则王姓者独至邸求见，先人骇问之，云已讫事，丁大伯亦旦夕至矣。先人细诘其故，第笑而不言。又匝月而丁来，则批迴在手。其人到伍，先从间道遁归，不由山海关，故反早还，因与丁作伴南旋……彼处戍长，以入伍脱逃，罪当及己，不敢声言。且利其遗下口粮，潜入囊橐。[①]

该逃人遁归所经由的"间道"很可能就是海路，目的地是天津或周边某地，因此才能比绕行山海关陆路的公差更早返回。在这个事例中，公差与犯人合作，在将犯人送至辽东，履行押解程序完毕后领回批文，犯人也随即从充军地逃回，与公差共同返乡。充军地的军官出于自身利益的考虑，也对逃军包庇纵容，最后脱逃之风只能愈演愈烈。可见逃军的根源仍在于人为管理混乱，单纯切断登辽海道的举措，既不能治标也不能治本。

明代辽东对外交通只有山海关与旅顺口两途，海道既绝，一切正常商贸往来都须经山海关进行。陶朗先在《登辽原非异域议》中提及山海关的征税问题，这应当也是实行登辽海禁的一个重要原因：

> 常人狃于目前苟幸无事，山海一线不以为危，而反欲藉此一线以为国税之咽喉。在是谓海路通行，恐山海关之税坐亏，

---

① 沈德符：《万历野获编》补遗卷3《解军》，中华书局，1959，第872页。

而登辽两处瀚漫，不可稽查者。殊不知九达之达，终出城门之
轨；千章之干，不离孚甲之根。由山东达辽，虽由大海，而水
陆必由之途，未有能越旅顺口而飞渡者也。今旅顺见属辽东，
原与山海关同一枝派，而金山去旅顺不远，原设有海防同知一
员，专管海务，莫若并以税务令其监管，稽以海盖道臣，核以
山海关部臣，万一山海之陆税稍亏，则旅顺之水税旋溢，况海
运轻便，往者必多，计其所税，补足山海关之外，未必不有赢
余。况事权尽属于辽东，则国税仍归于山海。旅顺口之熙攘，
孰非山海之金钱？合旅顺口于山海关之金钱，又孰非国家之
利耶？①

可知当时有意见认为，山海关是国家征税的重要关卡，如果使
登辽海道重开，由于海洋浩瀚，难以稽查，大量税款将从海上流失。
这种思路正是明代官方对海洋事务一贯心存疑虑和抵触的延续，在
同等条件下，宁愿放弃海路而优先选择陆上途径。而山海关也确是
明代重要关津，自辽西驿路开辟以来，常有守关者借机勒索的事件
发生。早在宣德元年（1426），就有前往辽东的官吏被守关军官阻
拦，"旬日逼取棉布三百九十五匹，方令度关"②。正德年间，镇守
辽东太监朱秀在山海关外八里铺设立官店征税，勒索来往车辆行
人③，到嘉靖八年（1529），山海关以东的辽西走廊西段上，六七十

---

① 陶朗先：《陶中丞遗集》卷下《登辽原非异域议》，第4册，第84~85页。

② 《明宣宗实录》卷18，宣德元年六月戊辰，第475页。

③ 《明武宗实录》卷13，正德元年五月戊戌，第407页。

里之间共设立了三处征税点，"商人重困，边民受害"①。万历年间，神宗派出宦官前往各地关卡收取各种名目的税费，山海关既是扼守辽东向外交流的唯一通道，自然也会成为征税的重要关津。既有陆税的吸引力，又有对海洋的习惯性排斥，各种因素的联合作用，使得登辽海道更难开启。

登辽间实行海禁后，两地间的正常海上往来也无法进行，给民众生活带来很大影响。嘉靖年间，辽东生员前往山东布政司参加乡试，本应经登辽海道抵达山东，但因海道不通，这些生员不得不绕行山海关前往山东，"随于六月内起程，闰六月入关。时值天雨连绵，平地皆水，冒暑冲泥，延至七月终方才到省。中间触犯暑湿，大半感疾，多不终场"②。参加乡试的路程远长于会试，考生们往返六千余里，跋涉四个多月，成绩受到很大影响，此后只得改到顺天参加乡试③。

登辽两地濒临大海，地少山多，经济形式原以海洋渔业与贸易为主。山东半岛自先秦时起就以其鱼盐之利富甲天下，唐代的登州和莱州是东北亚地区重要港口，联系起中国与朝鲜半岛和日本的海上交流。密集的海上贸易使当地极为繁荣，直到元代，仍在环渤海经济带中占据重要地位。明中期实行海禁后，沿海民众原有的生存秩序被彻底打乱，《全辽志》中载："（辽东）金州刘

---

① 《明世宗实录》卷107，嘉靖八年十一月癸巳，第2523页。
② 夏言：《南宫奏稿》卷1《改便科举以顺人情疏》，《文渊阁四库全书》，台湾商务印书馆，1983，第5页a。
③ 《明世宗实录》卷131，嘉靖十年十月己亥，第3121页。

训导明言家世登州，自海运不通，生理萧条。"① 登州僻在海隅，多丘陵地带，耕地面积狭窄，且多盐碱土质，实行海禁后难与外界交流，徒坐鱼盐之利而不能用，丰年时谷贱伤农，荒年更是民不聊生：

> 登之为郡，僻在一隅，西境虽连莱、青，而阻山介岭，鸟道羊肠，车不能容轨，人不能方辔。荒年则莱青各与之同病，而无余沥以及登；丰年则莱青皆行粜于淮扬徐沛，而登州独无一线可通之路。是以登属军民不但荒年逃，熟年亦逃也。故登民为之谚曰："登州如瓮大，小民在釜底。粟贵斗一金，粟贱喂犬豕。大熟赖粮逃，大荒受饿死。"②

每逢灾荒年份，辽东和山东的地方官员也会建议重开登辽海运，但只是一时的应急措施，"于每岁季或大熟及荒之秋，间一行之"③，未曾形成惯例，对海运的路线、程序和范围也多有限制。如嘉靖三十八年（1559）辽东大饥，辽东巡抚侯汝凉建议开辟从登莱和天津到辽东的海运救荒路线，但户部起初却只许进行从天津到辽东的海运，而将登辽海运排除在外：

> 天津海道路近而事便，当如拟行，第造船止须一百艘，令与彼中岛船相兼载运。其登莱海道姑勿轻议，以启后患。④

---

① 《全辽志》卷1《山川志·海道》，第539页。
② 陶朗先：《陶中丞遗集》卷下《登辽原非异域议》，第77页。
③ 《明穆宗实录》卷15，隆庆元年十二月丁亥，第407页。
④ 《明世宗实录》卷479，嘉靖三十八年十二月乙丑，第8014页。

海洋商机对近海民众具有巨大吸引力，"军民人等偶闻欲开海运，不啻重见天日，远迩欢腾，"① 官方却担心"岛人一闻调船，必弃业啸聚"②。然而在连年饥荒严重的压力下，登辽海道最终重新开放，政府允许民间商船参与贩粮救灾，"令山东、辽海居民各自俱舟赴官告给文引，往来贸易不得取税"③。同时仍在海运中采取各种措施，严密监管，"令彼此觉察，不许夹带私货"④，"令所司严查非常，以扼岛夷内入之路"⑤。但民间商贸一旦实行便很难控制，商船私载货物往来，海道被重新禁行。据《全边略记》载：

> （嘉靖）四十年，山东巡抚朱衡奏：登、莱、青地濒大海，东近边，左通浙直，国家设军，分守甚严。日者辽左告饥，暂议弛登禁，其青州迤西之路未许通行。今富民猾商逐海道，赴临清，抵苏杭淮杨兴贩货物，海岛亡命阴相结构。俾二百年慎固之防一旦尽撤，顷者浙直倭毒非败事之镜也？宜申明禁止为便。报可。⑥

由于这些短期海运并非惯例，开禁和重禁的时间又不易确定，程序和秩序都较为混乱，参与救荒的商人利益很难受到保障。如万

---

① 《四镇三关志》卷7《制疏·兵备佥事刘九容海运议》，第420页。
② 《全辽志》卷1《山川志·海道》，第539页。
③ 《明世宗实录》卷482，嘉靖三十九年三月丙戌，第8053页。
④ 《明世宗实录》卷479，嘉靖三十八年十二月乙丑，第8014页。
⑤ 《明世宗实录》卷482，嘉靖三十九年三月丙戌，第8053页。
⑥ 方孔炤：《全边略记》卷10，第357页。

历四十三、四十四年（1615、1616）时登州遭遇严重旱灾，朝廷短期开通海运，使辽东商人能够运粮到登州救灾，但未等商人返回辽东，海禁令却又重新下达，致使辽商滞留登州无法返回，遭受了重大经济损失：

> 辽商贮粟登城，日久红腐，再欲运还故土，而海禁又绳其后。始所为慕救荒之招而来者，今且自救其身之不给矣。于是有如佟国用、沙禄、匡廷佐辈，或甘弃粟而遄归，如丁后甲、方茂、李大武辈，或至流落而难去，相率而泣控于职者，日数十百人。①

可见到明代后期，登辽海道原有的海运功能已被取消，连正常的民间商贸与交通也被禁止，这条曾在明代开国时起到重要作用的海路，已经基本处于弃置状态。海禁本意原是为了海防安全，但实行海禁后，国家却放弃了进一步海防建设，海防官员撤置，原有的墩、台、堡等设施也被废弃，"自山东海运之废，而墩寨益废，于是旅顺诸堡亦无复用"②。登州和旅顺两地原驻有备倭的南方水兵，其月食粮银一般在土兵的两倍左右，但实行海禁后，水军训练不能正常进行，到万历后期，已是"登兵饱食安眠，老之陆地，旅兵孤悬一堡，徒守枯鱼水道……御倭专重水战，而南水兵二十年不闻水操，则与土兵何异？"③

---

① 陶朗先：《陶中丞遗集》卷下《登辽原非异域议》，第73页。
② 胡宗宪：《筹海图编》卷7，第31页a。
③ 陶朗先：《陶中丞遗集》卷下《登辽原非异域议》，第79~80页。

明代辽东与内地之间原本就只有山海关和登辽海道两条交通途径，早在嘉靖年间，时人就已认识到"（辽东）地千余里，卫所军旅将十万员名，止藉山海关一线馈饷"①，旅顺口又是"墩堡关隘，日就废弛，一旦有变，宁不张皇矣乎！"②到万历年间，辽东边防形势日益严峻，山海关陆路状况也同样不容乐观。当时奉命出使朝鲜的顾天埈这样描述出山海关后的见闻：

> 才出关，便别是一乾坤矣。南十里则海，北十里则寇，中只一线路东行。他边各有长城，独辽左茫无藩篱之隔，虏又从来未尝款好，朝发朝至，夕发夕至。居民散落，堡屯卑恶，四望荒荒，咫尺须兵相护，早晚戒心。兼多风沙，天易阴昏，一日行五、六十里辄止。③

海路既已闭塞，陆路又受威胁，辽东的整体防御形势与明初相比已极为恶化。再加上万历年间的援助朝鲜和高淮乱辽事件，"辽东方二千里，皮骨空存，膏血已竭，"④凋敝已极，有识之士常引以为忧。如陶朗先所言：

> 国家因近倭而设为登辽也，将令其并力以拒倭乎？抑欲登拒辽，辽拒登乎？果登与辽皆为拒倭而设也，致如同室之救，

---

① 胡宗宪：《筹海图编》卷7，第31页b。
② 胡宗宪：《筹海图编》卷7，第28页a。
③ 顾天埈：《顾太史文集》卷7《答叔父》，《四库禁毁书丛刊》，北京出版社，2000，第6页b。
④ 《明神宗实录》卷453，万历三十六年十二月丁卯，第8555页。

然平时耳目交相识，器用交相习，而后临事可使相救，如左右手也。奈何不思拒敌，而徒自相拒？①

正是在这种背景下，明末辽东战事爆发，登辽海道仓促间再获启用。

明末重开海运与登辽间的地域冲突

万历四十六年（1618）四月，后金攻陷抚顺，而辽东常平仓所存积谷已经不足二十万石。户科给事中官应震对辽东军饷情况表示担忧，建议从一水之隔的青州、登州、莱州三府向辽东转运粮饷：

> 夫民间米粟既少而且贵，常平夙积又渐成乌有。则此数万兵，糇饷将从神运耶？鬼输耶？山东青、登、莱三郡滨海，可与辽通。发银彼中，雇船买米，直抵辽阳。②

这项建议很快得到批准。但由于明代长期以来停罢海运，早已是"人不习海久矣"③，又因登辽海道封闭时间太久，原有官方运输体系破坏殆尽，各地商人畏惧战乱，"视辽如刀山剑林，视浮海渡辽如扬汤焠毛"④，都不愿前往辽东运粮。重开海运之后，一时间竟出现了这样的情形：

---

① 陶朗先：《陶中丞遗集》卷下《登辽原非异域议》，第 4 册，第 85～86 页。
② 《海运摘抄》卷 1，《北京图书馆古籍珍本丛刊》第 56 册，书目文献出版社，1998，第 2 页。
③ 《三朝辽事实录》卷 2，第 44 页 a。
④ 《三朝辽事实录》卷 2，第 34 页 a。

海运初兴，船无一只，水手无一人。渐至深秋，海洋难渡，因出示招募，不论官吏军民，凡能雇觅海船者，即差官押银与彼同往。①

除船只水手外，辽东战场还需从各地调拨大量粮食和军队。由于应急措施不足，仓促之间，北直隶的畿南八府"征调络绎，饮食若流，百室昼惊，驿夫夜窜……畿南财货无丝毫留民间者矣"②。各地奉命往辽东增援的军士也对战事极为恐惧，不但无人愿意前往，还在驻地和沿途引发骚乱。"畿内募兵赴辽，如就死地。今又取之州县，里间之驿骚震惊，又不知何如。闻山陕之兵自西而来者，妇哭夫，子哭父，仳离之状，至不忍闻。"③ 在山东青州，军队接到援辽的命令后，"青兵畏惧，搴旗祭刀，歃血聚盟，逢人即砍，以示不肯行。土人不敢窥井而取汲，有司不敢开门而理事"④。

各地虽然都承担了一定数额的援辽任务，但毕竟距辽东战场较远，不如临近的登莱地区任务繁重。而山东沿海地区经多年海禁后，无论粮食储备还是兵员数量都相对匮乏，一时间难以提供足够的人力、物力支援。时任山东巡抚的李长庚从本省利益出发，屡次就征调的粮饷和军士数目与朝廷进行商榷。于是当年九月，出于"居中

---

① 陶朗先：《陶中丞遗集》卷上《听勘疏》，第 25 页。
② 张鼐：《辽筹》卷 1，《上乞调民力以补边计疏》，《四库禁毁书丛刊》集部第 105 册，北京出版社，2000，第 614~615 页。
③ 《三朝辽事实录》卷 2，第 33 页 a~b。
④ 陶朗先：《陶中丞遗集》卷上《听勘疏》，第 34 页。

易于调度"① 的考虑，李长庚被任命为户部侍郎，负责督运辽饷，角色与任务转到原来的对立面，开始与继任的山东巡抚王在晋进行交涉。而王在晋到任后，也同先前的李长庚一样，站在山东立场上对援辽数额提出意见，认为"奴酋犯顺，各省止于调兵，乃山东则调兵又兼海运"②，负担过于沉重。而当时山东的兵员和粮食储备情况也确实不容乐观，如《三朝辽事实录》中记载：

> （山东）通省官军兵马数目，水营仅存一千八百名。近奉旨选调一千五百名，所存止三百耳。目今议补六百，连前亦共存九百耳。省会锋营合南营共见在兵二千七百名，今又奉旨选调二千名，所存止七百人耳。③

在山东官方看来，"兵一调而登莱之防守虚矣，再调而济南之武备空矣。今又三调，以及青州，而东省险要之地阒其无人矣"④。万历四十七年（1619）夏天，登莱一带遭遇严重旱灾，却又恰逢辽东战场失利后急需军饷，更给山东沿海民众生活和海运事务增加了困难：

> 自五月迄今，久晴不雨。夏日之煎熬，万荣憔悴，秋阳之皭烈，品彙焦枯。……目今旱极虫生，干枯叶萎，或报飞蝗食稼，或报异飓摧城。花户背井思逃，里长泥门远窜……今岁之

---

① 《明神宗实录》卷 574，万历四十六年九月己酉，第 10860 页。
② 《三朝辽事实录》卷 1，第 19 页 b。
③ 《三朝辽事实录》卷 1，第 20 页 a。
④ 《三朝辽事实录》卷 1，第 23 页 a。

灾所关，不独在本省，而在全辽。登、莱、青、济之间无收，则海运从何得饷？海运无饷，则辽师何以得存？……盖以山左视辽阳，原为唇齿。今急唇而先令齿之受病，于唇之亡奚救？以三齐视辇毂，近在腹心，今剜肉而不顾心之受痛，恐心之疾愈深。①

王在晋的描述或有言过其实之处，但从中也可看出，当时的山东官方已视援辽任务为沉重负担。如山东巡按陈于庭所言："山东以一省而兼数省之困，登莱又以两郡而兼各郡之艰。"②此时海运的成效，与明初已有天壤之别。洪武年间的海运物资由朝廷全盘调配，从江南太仓产粮地调运粮米，山东调运布花，来源分配尚属合理。且当时立国未久，军力强大，各地百废待兴，又兼朱元璋执政风格强硬，正属朝廷对地方的控制力达到最强时期，即使倾全国之力支援辽东战场，也不会遇到太大阻力。而到两百年后的万历末期，国家经济虽已有大幅增长，但承平日久，兵制渐坏，各地发展不均，明初的全国统筹调度早已被各省的区域利益关系所取代，又未能建立起有效的战时后勤供应体系，此时再要求邻近地区倾力为辽东提供援助，不但遭到各地抵触，也使辽东战事的负面影响进一步扩大：

齐之受困于辽，则无所不至矣。行伍为辽而空，帑藏为辽

① 《三朝辽事实录》卷1，第26页 a ~ 第27页 a。
② 《明光宗实录》卷7，泰昌元年八月丁卯，第177页。

而空，邮传之马匹、民间之丁壮为辽而空，今并里社救饥保赤之仓谷，亦欲为辽而空。①

随着辽东战场形势的变化，山东负责调运的粮饷数额也日渐增加，"初议运三万石至（辽东）三岔牛，渐至三十万石，增至六十万石"②。直到天启元年（1621）三月，辽阳陷落，才结束了这场长达三年的海运。虽然山东完成了支持辽东的任务，但辽东战场上依然显露出管理不善的弊病。当时的海运粮草在送抵辽东后，并未能进行妥善存储和迅速发放，只是大量简单囤积在卸货地盖州套，以致辽河以东地区陷落时，盖州存粮都为后金所有：

> 当海运初通，登莱米豆尽积盖套，暴露于风雨，腐浥于潮湿，狼戾殊甚。比盖州陷没……尽为盗资，奴之盘踞辽阳，数月不忧饥馁，且将壮丁迁徙盖州以就食③。

虽然这一时期的海运给登莱等地带来了沉重负担，但此后十余年间，由于海道开放，山东沿海重获商机，地方经济随之迅速发展。如时人所述："辽地既沦，一切参貂布帛之利由岛上转输，商旅云集，登之繁富遂甲六郡。"④ 然而表面的经济繁荣不能掩盖暗藏的社会危机，重开海运后，逃军、难民等问题随之而来，给登辽海道沿途带来新的困扰。虽然早在初开海运时，就已有"明旨敕辽东部院，

---

① 《三朝辽事实录》卷1，第30页b。
② 方震孺：《陶中丞传一》，《陶中丞遗集》附录，第129页。
③ 《三朝辽事实录》卷6，第12页b。
④ 毛霖：《平叛记》卷上，《四库存目丛书》，齐鲁书社，1996，第11页a。

凡沿海地方船只,下海无容夹带一人"①,但失去了固守信念的辽东军士还是纷纷渡海南逃,局面已无法控制:

> 营兵逃者,日以百计。五六万兵,人人要逃,营营要逃,虽孙吴军令亦难禁止……自海禁弛,而辽人无固守之志。土兵不肯守而募客兵,客兵又不能守,而调各路之兵。土兵岂不畏死?贼至而不肯相搏,以沈阳为死路,以海为生门,开此径窦,足以亡辽矣。②

随着辽东战场陷城失地,越海奔逃的难民数目也大量增加。辽东首府辽阳陷落后,地处辽南的金、复、海、盖四卫官民"望风奔窜,武弁青衿,各携家航海,流寓山东,不能渡者,栖各岛间"③,登州"接渡辽左避难官民,原任监司府佐将领等官胡嘉栋、张文达、周义、严正中等共五百九十四员名,毛兵、川兵及援辽登州、旅顺营兵三千八百余名,金、复、海、盖卫所官员及居民男妇共三万四千二百余名,各处商贾二百余名"④,逃入朝鲜者亦不下二万人⑤。

大量难民给接收地的社会安定和经济生活都造成了沉重压力。登州官方紧急给难民"分插属邑,给旷土使耕,其无家而犷狉者募为兵,立辽帅以统之"⑥,力图使辽东难民与当地居民和平相处,暂

---

① 《三朝辽事实录》卷1,第23页b。

② 《三朝辽事实录》卷2,第2页a~b。

③ 《明熹宗实录》卷8,天启元年三月丁卯,第409页。

④ 《明熹宗实录》卷10,天启元年五月癸丑,第513~514页。

⑤ 《明熹宗实录》卷10,天启元年五月癸丑,第515页。

⑥ 方震孺:《陶中丞传一》,《陶中丞遗集》附录,第130页。

未形成严重的社会问题。但在辽西重镇广宁失陷后，大量溃兵难民继续向山海关和登莱一带逃亡，超过了当地所能承受的限度，许多由陆路逃入山海关内的人口得不到安置，只能露宿山野之间：

> 日来援辽溃兵数万，填委关外，遍山弥谷，西望号哭者竟日达夕；逃难辽民数十万，隔于溃军之后，携妻抱子，露宿霜眠，朝乏炊烟，暮无野火，前虞溃兵之劫掠，后忧塞虏之抢夺，啼哭之声，震动天地。[1]

在登州，由于难民大量涌入，导致城中粮价迅速上涨：

> 辽民渡海避难，蚁聚鳞集，比月以来日益加多。其嗷嗷待哺，日益加急……而今且流落无依，藜藿不饱，凄风苦雨，半暴骨于沟渠；夜哭晨号，暂托身于草莽。且登州之山城如斗，而海邦之稼穑惟艰，食指既繁，米价骤涌[2]。

还有许多逃入内地的辽东难民遭遇歧视，无处容身，以至愤而返回辽东：

> 至辽人避难入关，如飞鸟依人。争入州而州不见怜，投县而县不任受，甚且挟骗者指为逆党、佩剑者目为劫徒。以致忿懑出关，但言报复[3]。

---

[1] 《三朝辽事实录》卷7，第26页 b。

[2] 《三朝辽事实录》卷7，第23b～第24a。

[3] 沈国元：《两朝从信录》卷20，天启三年闰十月，《四库禁毁书丛刊》史部第30册，北京出版社，2000，第425页。

到天启二年（1622）四月，避难入关的辽东难民达到二百余万人，山东登莱一带也有数万辽民辽兵①。御史董羽宸巡按山东，对大量拥入的人口表示了忧虑：

> 登莱蕞尔，生理几何？而客兵一旦插入数万，弱肉强食，作奸犯科，官不能弹压，将不能统制，地方之祸，何可胜言？②

大量难民的涌入，影响了山东土著居民的日常生活，一些后金间谍随难民混入内地，也对辽东难民的整体形象造成了严重损害，使土著居民对难民产生反感与抵触情绪。同时还有一些土著居民欺压难民的事件出现，更加深了两地人群间的矛盾：

> 天启四年三月，先是潍县获解奸细谋逆张迩心等，辽人皆重足而立矣。时论者言辽人必乱之势，以及解散之策……辽人新集，自属流寓，而东人之暴无赖者，往住怙民土著，凌逼客子。③

民间地域矛盾越发严重，官方对辽兵辽将也存有怀疑，认为"宜镇定人心，慎防奸叛，不宜轻信辽人，轻用遗将"④。到崇祯初年，寄寓登州的辽人与土著居民之间的矛盾已经一触即发：

> 辽人自金、复、海、盖诸卫避难来登者，不下十数万，寄

---

① 《两朝从信录》卷 13，天启二年四月，《四库禁毁书丛刊》史部第 30 册，第 249 页。
② 《明熹宗实录》卷 21，天启二年四月丁亥，第 1074 页。
③ 《两朝从信录》卷 21，天启四年三月，《四库禁毁书丛刊》史部第 30 册，第 459 页。
④ 《三朝辽事实录》卷 7，第 42 页 b。

寓登莱地方，已十余年矣。登城之内，僦居者大半。辽人性桀傲，登人又以伧荒遇之，揢勒欺侮，相仇已久①。

崇祯四年（1631）十一月，辽军参将孔有德率辽军自登州增援辽东大凌河战场，由陆路西行至直隶吴桥时发生兵变，随后向东攻击山东临邑、商河、新城、青州等地，于次年正月攻破登州城，"杀官吏绅民几尽"②。《烈皇小识》中记载：

> （崇祯）五年壬申正月，孔有德等据登州以叛。先是孙元化以（辽东）前屯兵备超升登抚，随带辽丁三千人，驻防登州。辽丁贪淫强悍，登人不能堪。适是冬有大凌河之警，孙令孔有德等率辽丁往援，即于原籍着伍，亦两全之术也。行至吴桥，后队尚滞新城，夺取王氏庄仆一鸡。王氏大族，势凌东省，随禀领官兵，必欲正法。领官兵不得已，查夺鸡者，穿箭游营。众乃大哗，遂杀守庄仆。王氏申详抚按，必欲查首乱者，戮以殉众。辽丁急至吴桥，邀前队改辕而南。……辽丁三千人，皆歃血立誓，若不雪此耻而北行者，众共杀之。遂拥孔有德等以叛，尽灭王象乾家……尚有辽人在（登州）城中者，（登州）绅民必欲搜戮之，辽人遂开门纳师。登城陷时，正月初三日也。③

---

① 王徵：《王徵监军辽海被陷登州前后情形揭帖》，李之勤辑《王徵遗著》，陕西人民出版社，1987，第150页。

② 《崇祯实录》卷5，崇祯五年正月辛丑，《台湾文献史料丛刊》第三辑，大通书局，1984，第109页。

③ 文秉：《烈皇小识》卷2，崇祯五年正月，《续修四库全书》史部第439册，上海古籍出版社，2002，第38~39页。

吴桥兵变的原因看似偶然，实际却是长期以来山东、辽东地域矛盾积累后的总爆发。孔有德军奉命增援辽东时正逢寒冬，从登州出发后在山东境内一路西行，却未能获得补给，"钱粮缺之，兼沿途闭门罢市，日不得食，夜不得宿，忍气吞声，行至吴桥"①。辽军与沿途山东官民之间的对立排斥态度，显而易见。此后又逢大雪，"众无所得食"②，兵士饥寒交迫，遂取一鸡以食。王家系山东望族，在其要求下，夺鸡士卒被严惩，却也因此激起辽兵的仇恨情绪，以致发生哗变，转而攻击山东各府县。

登州城中居住辽东难民数量最多，地域矛盾积累最为严重，又系孔有德军出发地，当地居民获悉辽军兵变后，"村屯激杀辽人于外，外党愈繁；登城激杀辽人于内，内变忽作"③。由于"登人故虐辽人，至（辽）兵临城，犹杀辽人不止"④，待登州城破后，辽人展开报复，"凡辽人在城者悉授以兵，共屠登民甚惨"⑤，甚至"驱城中居民出东门外，尽杀之，濠堑皆平"⑥。明代立国时建立起的登辽相辅互助关系，终以两地军民互相残杀而告终。

吴桥兵变前，信奉天主教的登莱巡抚孙元化、监军道王徵已与

---

① 〔日〕稻叶君山著《清朝全史》上 2，第 17 章《汉人之来归》，上海社会科学院出版社，2006，第 51 页。
② （光绪）《增修登州府志》卷 13《兵事》，《中国地方志集成》，凤凰出版社，2004，第 11 页 b。
③ 王徵：《王徵监军辽海被陷登州前后情形揭帖》，《王徵遗著》，第 150 页。
④ 张世伟：《自广斋集》卷 12《登抚初阳孙公墓志铭》，《四库禁毁书丛刊》，北京出版社，2000，第 23 页 a～b。
⑤ 《崇祯长编》卷 55，五年正月辛丑，第 3187 页。
⑥ （光绪）《增修登州府志》卷 13《兵事》，第 12 页 b。

葡萄牙人合作，着手建立西洋火器装备军队，筹备以登州为战略基地，从海路进军收复辽东事宜。孔有德军攻陷登州时，城中"尚有旧兵六千人，援兵千人，马三千匹，饷银十万，红衣大炮二十余位，西洋炮三百位，其余火器甲仗不可胜数"[1]，所有水陆兵将、军火器械尽为所夺[2]。随后孔军凭借登州城中所储物资军械，继续攻打周边的黄县、莱州、胶州等地，到崇祯六年（1633），携西洋火器装备渡海，于辽东盖州归降后金。这次兵乱持续一年有余，给山东沿海造成严重损失，"所至屠戮，村落为墟，城市荡然，无复曩时之盛矣"[3]。而被孔有德军带至后金的西洋火炮是当时最先进武器，此消彼长，改变了明与后金的军力对比，也给日后的明清战局造成了深远的影响。

小　结

一条海道的兴废，折射出了整个明王朝由盛转衰的历史。明初为夺取辽东，防御残元势力而开通登辽海道，获得了极大的成功，而当明末为了抵御女真而重开登辽海道时，却再也未能收到明初时的效果。从互助互利到两败俱伤，反映出的是明廷执政能力长期持续下降，未能对各种问题及时采取有效对策的结果。

---

① 毛霖：《平叛记》卷上，第 9 页 b。

② 周文郁：《边事小纪》卷 3《恢复登城纪事》，《玄览堂丛书续集》，第 14 册，"国立""中央"图书馆，1947，第 18 页 a。

③ （光绪）《增修登州府志》卷 13《兵事》，第 15 页 b。

历史上的山东半岛与辽东半岛一直处于密切交流中，发展海洋渔业和贸易是两地民众沿袭已久的生存方式。明代辽东与山东之间建立起行政制度上的关系，本应使两地更易于开展密切联系与交流，结果却令其断绝来往，使登辽两地同时坐困。如明人所言："山东与辽名为一省，如人一身，当使元气周流而无滞。兹者关隔于中，使两地秦越千里，若不相属，不图转运之利，反置之无用之地矣。"①

由于明代立国思想和边防政策的限制，不鼓励登辽两地发展自由贸易尚可理解，但连海防备战和后勤补给也一并弃置，只能说其政策失当。明朝初年，海军力量强大，可以在战时迅速做出反应，于第一时间进行渡海作战，控制战局并进行长途海运。而在此后的二百年间，海运废弛，海防弃置，沿海地区在海禁政策下民生凋敝，万历末年突然进入战争状态，应急处理措施不足，后勤物资难以及时调运，出现各种负面连锁效应，均是各种隐患长期积累所致。正如顾祖禹在《读史方舆纪要》中所言："昔人所恃为控扼之所，漫置之不讲，岂非谋国者之过欤！"②

---

① 《四镇三关志》卷7《制疏·兵备佥事刘九容海运议》，第420页。
② 顾祖禹：《读史方舆纪要》卷36《山东七·登州府》，第1681页。

海禁政策对明代辽东与山东之间
地域认同现象的影响

地域认同是文化地理中的一种重要现象，各地的自然环境、历史传统、社会文化和国家行为等因素都会对它产生影响，如周振鹤在《中国历史上自然区域、行政区划与文化区域相互关系管窥》[①]一文中总结了中国各主要自然地理区域的特点，并从宏观上论述了地理环境对政区设置和文化区域形成的影响，而具体到明代的辽东，各种行政、经济、地理因素对当地地域文化和民众心态造成的影响，也在一定程度上影响了明后期的辽东边疆经略进程。本文以海禁前后明代辽东的地域认同演变现象为线索，对相关问题进行深入研究。

---

① 周振鹤：《中国历史上自然区域、行政区划与文化区域相互关系管窥》，《历史地理》第 19 辑，第 1~9 页。

官方促成的行政管辖

历史上的辽东和山东一直是两个互不统属的区域，它们以渤海海峡为界，历代分处于不同的政权或行政区管辖之下。然而在明朝初年，由于辽东对山东特殊的经济依赖关系，使得两地之间建立起了行政制度上的联系。在此之前，它们之间从来没有过相互隶属的历史渊源，所能进行类比的，只有郑玄和孔颖达注《尚书》时"舜以青州越海而分齐为营州"或"舜为十二州，分青州为营州，营州即辽东也"一类传说性质的阐述。

在中国历代政区沿革中，这是唯一一次以辽东隶属山东的区划设置。而在明代的辽东与山东之间，不仅有朝廷确立的行政制度上的联系，还有以移民为基础的民间社会融合。明初的辽东是一个重要的移民迁入地，来自全国不同地方的军士在这里屯田居住，进行最初的恢复与重建工作，其中就有大量来自山东的移民。虽然没有正式的统计数字表明移民的具体数量，但从现存的史料中可以看出，当时有大量山东移民以军籍迁入辽东，在实行卫所制的明代辽东，甚至有成建制的卫所由山东移民组成。当时辽东共有 25 个卫，每个卫定额人员为 5600 人，设在辽阳的定辽左卫 5600 人全部由青州土军组成，而定辽右卫的军士则是 5000 名莱州土军①。如果再计算上一部分军士从山东携来的家属，仅这两个卫的山东移民就应在 2 万

---

① 《明太祖实录》卷 87，洪武七年正月甲戌，第 1544～1545 页。

人以上。而当时迁徙到辽东的山东移民还远不止这些，在山东通过海运方式向辽东提供战略物资时，就有许多山东籍军士家属随船过海①，在后来设立的沈阳中、左二卫的人员中，也包括许多山东校卒②。从现存的各种辽东地方志和墓志等文献中，也可看到当时的山东移民后裔广泛分布于辽东各地。

这样庞大的山东移民团体在辽东居住繁衍，对当地的社会构建和文化融合产生了相应的影响，明代辽东的东岳崇拜就反映了这种现象。东岳泰山神崇拜是一种传播较广的民间信仰，据周郢《东岳庙在全国的传播与分布》③ 一文研究，明代的东岳崇拜已经成为全国性信仰。而在辽东这样一个拥有大量山东移民后裔的地方，东岳庙除原有的宗教职能外，还会起到一种维系山东移民原乡情感的作用。从《辽东志》的记载中可知，在明代辽东最大的两座城市辽阳和广宁城中都有东岳庙，辽阳城中的东岳庙是由原有的垂兴寺改建而成④，而广宁城中的东岳神庙原本位于城外，后来在明成化年间被迁入城中。在另一座城市抚顺，原有的崇胜寺也被改建成东岳庙⑤。对山东籍移民及其后裔而言，这种来自原乡的宗教信仰会使他们在心理上产生认同感和共同意识，有助于促进新移民社会的整合与稳定，并使他们原籍的文化习惯在异乡得到延续。而官方的相关宣传也强

---

① 《明太祖实录》卷134，洪武十三年十二月戊午，第2132页。

② 《明太祖实录》卷179，洪武十九年八月辛丑，第2706页。

③ 周郢：《东岳庙在全国的传播与分布》，《泰山学院学报》2008年第2期，第17~29页。

④ 《辽东志》卷1《地理》，第367页。

⑤ 《辽东志》卷1《地理》，第367页。

调了辽东与山东之间的关系，例如弘治七年（1494）的《迁建广宁东岳庙记》就称：

> 泰岱在山东，受封东岳，其庙貌传之已久。虽遐方别郡人，尚皆知敬仰，况辽在山东域内，而祸福固神之攸司，崇礼尤人之当尽，于辽而建庙者，其行宫也。[①]

作于次年的《纪东岳神祠灵应文》中再次强调："是岳本封于山东，辽居域内，亦为之建祠者，乃其行宫也。"[②] 辽东官员的这两篇记文从行政区划角度出发，将辽东的东岳庙视为山东泰山神的"行宫"，显然是将辽东明确当作了山东的下属区域。

而在明代几部全国地理总志的编修体例中，也可以看出当时朝廷对两地关系的定位和思路变迁。辽东和山东之间正式建立起行政从属关系是在洪武二十九年（1396），这一年可以视为一个分界线，在此之前编修的地理总志中，成书于洪武十七年（1384）的《大明清类天文分野书》将山东部分列为第十卷"鲁分野"，而辽东指挥使司则被单列为第二十四卷[③]。与山东相邻的几卷中均记载内地行省，而与辽东都司相邻的则是云南、贵州等边疆地区。从两卷之间相隔 13 卷的距离来看，该书的编修者们尚无法预知日后的辽东都司将会被划归山东属下，当时的辽东和山东分别作为内地和边疆地区

---

① 王树楠等纂《奉天通志》卷 256《金石四》，文史丛书编辑委员会，1983，第 5604 页。

② 王树楠等纂《奉天通志》卷 256《金石四》，第 5607 页。

③ 刘基等：《大明清类天文分野之书》，《四库全书存目丛书》，齐鲁书社，1995。

出现，在地位上还属于平等并列关系。与此相似的还有修成于洪武二十七年（1394）的《寰宇通衢》一书，该书不分卷，通篇记载从京师至全国各地的道路里程和驿站名称，其中的第七部分是"京城至山东布政司并时属各府"，而"京城至辽东都司"则被列为第十二部分，依然是分别作为内地和边疆地区出现，在体例上居于平等地位①。

但在洪武二十九年（1396），辽东和山东间的行政从属关系建立起来后，官修地理总志中的情形则发生了变化。从天顺年间编修的《大明一统志》目次中可以看出，官方在对辽东与山东的归属关系认定中，采取了一种更紧密的处理方式：辽东都司及属下的 25 个卫和 2 个州被置于山东布政司之后，与山东东部的登州、莱州处于同一卷次中②。这种编撰方式与此前景泰年间编修的《寰宇通志》相同，它直接影响了整个明代官方和民间对辽东归属的认定，直到明朝灭亡之后，顾炎武撰《肇域志》时，仍将辽东都司置于山东之后③，顾祖禹撰《读史方舆纪要》时，也将辽东都司置于《山东方舆纪要》一部中，体例与《大明一统志》完全相同。

除官修地理志之外，从明代实行的官员籍贯回避制度中，也可以看出官方对两地密切关系的定位。按《明史·选举志》中记载，

---

① 《寰宇通衢》，杨正泰：《明代驿站考》增订本附录一，上海古籍出版社，2006。

② 李贤等：《明一统志》，《文渊阁四库全书》，商务印书馆，1986。

③ 《肇域志》卷 14～20 为山东部分，卷 21 为辽东都司，顾炎武：《肇域志》，《续修四库全书》，上海古籍出版社，2002。

当时的官员不能在本省做官："南人官北，北人官南……自学官外，不得官本省"①。弘治十五年（1502），辽东巡抚张鼐经过调查后，认定在此之前，"山东人未有官于辽者"②。山东人不能在辽东做官，从另一个角度反映了朝廷将两地视作一省的认知心态。当时庞大的移民数量和紧密的经济依附关系奠定了明初"辽东隶于山东"的基础，也使朝廷将两地视作一个整体，并采取相应的官员籍贯回避政策。

两地间的地域认知差异

虽然同时具备官方的认可和民间的联系，但明代的辽东在行政制度上却并非完全隶属于山东。张士尊《明代辽东都司与山东行省关系论析》③一文对当时两地间的各种行政关系作了详细介绍。明初的辽东实行军管制，不设州县而设卫所，主管当地军籍事务的是辽东都司和下属的各级卫所军官，而这一套体系则完全独立于山东管辖之外。虽然民政和司法事务在名义上归于山东管辖，但先后作为辽东地方最高军政长官的辽东都司都指挥使、辽东总兵官和辽东巡

---

① 张廷玉等：《明史》卷71《选举三》，中华书局，2000，第1147页。
② 韩明祥编著《济南历代墓志铭》，《明故右都御史张鼐墓志铭》，黄河出版社，2002，第117页。其实正统年间曾经巡抚辽东的王翱就是山东人，但当时的巡抚还只是中央派出的巡查官员，并非明中期之后真正意义上的地方官员。所以并不与张鼐的论断冲突。
③ 张士尊：《明代辽东都司与山东行省关系论析》，《东北师大学报》（哲学社会科学版）2008年第2期，第30~34页。

抚从来都无须服从山东节制，而是直接听命于朝廷。这使得明代的辽东实际上拥有相当大的自主权，如果山东等内地各省算是"一级行政区"，那么当时的辽东也应算作"准一级行政区"。

在两地各自编修的地方志体例中，也可以看出一种各自独立的心态。辽东官方编修的《辽东志》与《全辽志》着重记载本地的沿革、历史与地理、人文风气，除了在职官卷中记载辽海东宁分巡道和辽海东宁分守道等与山东有关的官员设置外，并没有叙述太多与山东的关系。而在嘉靖年间山东官方编修的《山东通志》中，也完全没有把辽东都司所属地区记述在内，而只是列入了济南、兖州、东昌、青州、登州、莱州本土六府，并在职官志中，简单提及有辽海东宁分守道、分巡道的官员编制。

为什么会有这种现象产生？从历史的角度可以看出，辽东和山东都是具有悠久历史和鲜明地域文化的行政区域，此前它们都曾各自作为一级行政区长期存在。即使是在明代，由于地理环境的相对独立性，这两地在制度上也没有被完全划归同一个行政区，而是采取一种代管的方式，使山东对辽东进行协助管辖。而在文化心理上，唐代的安东都护府、辽金东京和元代辽阳行省等，也都曾是重要的一级行政区划，并没有隶属于山东的历史。《辽东志·风俗》中说辽东"汉世以降，沦入东夷，历辽金胡元，浸成胡俗"，在经历了几代少数民族政权统治之后，辽东已经形成了独特的地域文化，并具有强大的同化力量，随着时间的推移，山东移民的后裔逐渐完成了土著化过程，质朴尚武的民风加上明代辽东特殊的边疆军政管理体制，使他们逐渐认可并习惯了以卫所成守为特征的辽东生活，并对新的居住地产生了地域认同感。

正统年间《辽东志》的主修者、时任辽东都司都指挥使的毕恭就是这样一个典型的例子。在正统八年（1443）他为《辽东志》作的序中[①]，通篇记述辽东都司的建制沿革和开疆拓土的经过，却完全没有提及与山东的关系。他是山东济宁移民的后代[②]，在序文的结尾处，其署名落款就是"东鲁毕恭"。这样的落款表明了他的原籍身份特征，但作为辽东地方的军政长官，他撰写的序文中只能看到辽东的地方政府部门——辽东都司对本地区历史传承和现实地位的官方宣传与强调。或许在他们的角度看来，辽东都司与山东都司都隶属于左军都督府，两者是平级机构，辽东作为一个相对独立的边疆军管式政区，并不需要阐述与其他地域间的关系。这个事例也呈现出一种相对复杂的文化地理心态，可以看出，经过半个世纪的土著化历程后，具有国家军籍的移民后裔已经逐渐实现了对以辽东都司为代表的新居住地历史、地理、文化与现状的认同，都司的历史就是移民们的历史，而都司的现实地位与意义也正是移民们戍守边疆的价值所在。

与山东移民的后裔相比，来自其他地区的移民对山东的感情则更加淡薄。当辽东人建设东岳庙并对其中的泰山神进行祭祀时，成化年间的辽东儒者贺钦却对泰山神崇拜发表了另一种观点。在他看来，辽东与山东距离甚远，泰山神是否能在两千里外的辽东依然保

---

① 毕恭等：《辽东志·辽东志书序》，第 348 页。
② 《全辽志》卷 4《宦业》，第 617 页。

持神力，很值得怀疑：

> 如东岳泰山之神，但谓泰山之灵耳。初非人，鬼也。春秋祭祀……鲁地如斯，已为非礼，况如辽东相去（鲁地）二千余里，亦为庙貌祀之，名曰东岳行祠。夫山为至静之物，其神安有巡行之理？[1]

贺钦祖籍浙江定海，后因其父戍辽东而入籍至辽东义州卫。当时的辽东士子参加乡试时都要到山东赴考，虽然贺钦本人也曾在山东参加省试并中举，但他并未因此对山东产生更多归属感。在成为著名的儒者后，贺钦曾经大力倡导为明代辽东都司的始建者马云、叶旺二人建立祠庙，认为他们"奉高皇帝之命，航海来辽，招抚夷夏，安辑兵民，开创卫所，建立学校，濯变腥膻，使左衽为衣冠礼义，报功报德，何可忘也"[2]，却对众人祭祀东岳泰山神不以为然。他的质疑固然是从维护公共秩序、防止淫祀泛滥的角度出发，但从他对马云、叶旺和东岳泰山神截然不同的态度中，也可看出不同移民群体中的文化认同差异：作为已然土著化的浙江移民后裔，贺钦对辽东都司的历史与先贤怀有崇敬之情，但对山东文化却没有更多认同感。

从以上的分析中可以看出，当时的山东和辽东具备形成地域认同意识的一定基础，在民间层面，大量山东移民及其文化习惯都使辽东人对山东存有认同感，在国家层面，各种全国地理总志的修撰

---

① 贺钦：《医闾先生集》卷8《辞职陈言疏》，《辽海丛书》，辽沈书社，1985，第1114页。

② 贺钦：《医闾先生集》卷2，第1075页上a。

则在制度上将两地视为一体。但与此同时也应看到，两地依然各自具有鲜明的地域文化和历史传统，辽东的移民社会组成复杂，来自其他地区的移民后裔对山东文化缺乏认同感。制度上的相对独立，地方志编撰中强调与忽略的内容，都说明两地间的地域认同感并未真正形成。而在明代中后期的历史中，朝廷对两地关系的处理也出现了许多问题，更削弱了两地交流与相互认同的基础，使其关系更加淡薄甚至恶化，以致造成了严重的后果。

朝廷举措对两地关系的负面影响

明朝初年之所以形成"辽东隶于山东"的设置，是由于辽东对山东海运来的粮食、布匹等后勤物资的全面依赖。但在此后的时间里，这种以经济支援为基础的关系逐渐改变，出现了各自独立的现象，而政府的一系列政策更是严重削弱了原有的联系。曾经因经济原因被联系在一起的两个地区，此时又因经济原因被推向了区域利益冲突的对立面。

嘉靖之后，辽东与山东之间的海运停止，由渤海海峡维系的两地正常交往中断，连原本在山东参加乡试的生员也要改到顺天参加乡试，使两地民间联系受到进一步阻碍和打击。如明人所言："山东与辽名为一省，如人一身……关隔于中，使两地秦越千里，若不相属。"[①] 明初建立的以交通道路和后勤补给为维系基础的行政

---

① 《四镇三关志》卷7《制疏·兵备佥事刘九容海运议》，第420页下 b。

隶属关系，其根基已经不复存在。在这一变化过程中，朝廷并没有采取措施维护或修复两地关系，反而在万历初年，严令登辽之间实行海禁，劈毁海船，"寸板不许下海"①，使两地间事实上形成隔绝之势，一切交流全部停止，除了名义上的隶属关系和诸多戴山东衔的官员之外，两地作为同一行政区的实质已经消失。

事实上，在此前的弘治十五年（1502）时，朝廷对山东—辽东之间的关系定位就已经出现了变化。这一年，山东历城人张鼐出任辽东巡抚，在他为自己撰写的墓志铭中，有这样的记述：

> 未几，（张鼐）升都察院右佥都御史，巡抚辽东。先是山东人未有官于辽者，孝考特命自鼐始云。②

明孝宗对张鼐的任命，标志着辽东与山东间的官员任职不再实行严格的地域回避政策。这次事件可以看作一种转变的开端，从1502年至1510年八年之间，共有三位山东籍官员出任辽东地区最高行政长官③。这说明在朝廷看来，两地之间的密切关系已经不复存在，虽然地理位置接近，但已经无须将它们再作为同一行政区看待了④。

到明后期时，两地之间的关系更趋于松散，各自作为独立区域个体的特征也表现得越发明显，最后甚至爆发了地域冲突，造成了

---

① 《明神宗实录》卷8，隆庆六年十二月辛未，第294页。
② 韩明祥编著《济南历代墓志铭》，《明故右都御史张鼐墓志铭》，黄河出版社，2002，第117页。
③ 《辽东志》卷5《官师志·使命》，第412页。
④ 《明武宗实录》卷55，正德四年九月己巳，第1234页。

两地军民互相残杀的事件。其原因是万历末期，明与后金的战争在辽东爆发，随着战场上的败退，辽东半岛上的军民们纷纷越海逃向山东登州、莱州一带，与当地土著居民共同生活，大量外来难民给当地带来了极大的社会压力。崇祯四年（1632）底，由于避难山东的辽人和辽军问题一直未得到妥善解决，又与山东土著居民间的地域矛盾激化，最终引发了吴桥兵变。在这次事件的起因中，"辽人性桀傲，登人又以伧荒遇之"[①] 是一种很值得注意的文化地理现象。"伧荒"一词出现于东晋南北朝时期，当时南方居民认为北地荒远粗陋，故以此词形容后渡而来的中原北人。以东晋南朝时的形势与明末的情形进行对比，可以看出，虽然只相隔一道渤海海峡，但当时的山东土著居民却拥有了文化习俗上的优越感。由于辽东地区此前在辽、金、元各代一直处于民族政权控制下，明代又实行卫所军管制，因此文教事业发展较内地相对缓慢。如贺钦曾记载发生在义州卫的事例：

> 景泰初，吾州以边卫奋武，绝少文学。卫庠虽设，而为生员者多官府拘执充之。故当时校各所出丁重役，则曰："吾所有读官学者若干人矣。"是以读书为重役也。[②]

可见当时的辽东人视读书如苦役，官府甚至要通过类似抓壮丁的方式收录生员入学。此后辽东文教事业虽有大幅发展与进步，但

---

① 王徵：《王徵监军辽海被陷登州前后情形揭帖》，李之勤辑《王徵遗著》，陕西人民出版社，1987，第 150 页。
② 贺钦：《医闾先生集》卷 1，《辽海丛书》，辽沈书社，1985，第 1068 页。

嘉靖《全辽志》卷四《风俗》中仍记载：

> 人勇悍，敢于急人，愚质少虑，轻薄无威。四民之中，农居其三。识点画形声之文者董董可数，若究义理、晓法令，则若空谷之足音焉。[①]

可知淳朴尚武仍是明代辽东人典型的性格特征。事实上，辽东难民中的很多人就是山东人的后裔，在难民的主要来源地——辽东半岛金、复、海、盖四卫的居民中，"家世登州"[②]者并不少见，就连吴桥兵变中的辽军将领孔有德、耿仲明也都是山东后裔。然而，明代的辽东和山东作为各自拥有独立历史传统和社会文化的地区，又因管理制度和现实生活环境的不同，居住在两地的土著居民和移民后裔各自按照自己生活环境的地理、历史和现实特点，分别向不同的方向发展，使得两地居民间的文化风俗差异也越发明显。这种现象在明后期体现得尤为明显。当辽东难民逃入内地尤其是山东后，他们就以"辽人"群体的面貌出现，不仅形成了一个行政和地理单位，也是一个文化单位。虽然许多辽人是山东移民的后裔，但在长期的人为割裂和各自发展之后，他们已经呈现出了明显不同的地域心态和群体特征。再加上因海禁和经济政策冲突造成的交流隔膜，以及山东政府对辽东难民救济工作的不足，这些因素共同导致了地域冲突的产生。

---

① 《全辽志》卷4《风俗》，第632页。

② 《全辽志》卷1《山川志·海道》，第539页。

　　但值得注意的是，即使是在明后期，两地之间的关系已经极度淡薄甚至恶化的时期，外人的心目中却依然存有辽东和山东关系密切的印象。嘉靖年间的庚戌之变发生后，各地勤王军队赶赴京师，由于军饷不足，仇鸾率领的山西大同军冒充辽东朵颜军队劫掠京郊村落。由于仇鸾深得明世宗信任，时任兵部尚书的丁汝夔不敢对其加以制裁，但不明真相的民众却以为是山东籍的丁汝夔包庇辽东同乡，才对此事置之不理：

　　　　既而勤王师至，廪饷不能时，兵饥疲出怨语。而（仇鸾所部）大同军尤无律，往往椎发劫掠村落中。时被捕获，或自诡为辽阳军。辽阳军者，朵颜诸部也。先是有传虏中语辽阳军实导我来者，故京师讹言辽阳军叛，而鸾方被宠，虽获大同军行掠者，不敢置之理……而鸾殊不呵禁。汝夔不得已，乃下令勿捕。大同军益无忌，民苦之甚于虏。而恒自诡为辽阳军，民间不知故，遂谓汝夔山东人，以乡曲故庇辽阳叛军。①

　　在京郊民众的集体怀疑与愤怒情绪中，山东与辽东之间既往的密切关系被过分放大，此时他们对辽东、山东两地作为同一地域的认定程度，甚至已经超过了辽东人和山东人自己的观感。他们并不了解此时两地间的地域关系已经日趋淡漠，也不去细究所谓的"辽阳军"是不是真正的辽东人，在他们看来，只要有"辽阳"这样一

　　① 范守己：《皇明肃皇外史》卷30，《四库全书存目丛书》史部第52册，齐鲁书社，1996，第188页。

个地域名称存在，就可以与丁汝夔的籍贯山东产生联系。因为在国家划定的政区设置中，辽东与山东有着制度上的隶属关系，所以"辽阳军"与山东人是理所当然的"乡曲"，可以将他们划为同一群体。由此可见，朝廷以官修志书为基础的一系列宣传定位，已经影响了除辽东、山东之外的中国其他地域人群的地理认知。

小　结

从以上的各种事例中，可以得出这样的结论：辽东、山东两地间各具特点的地理环境和历史传统，决定了它们在明代行政管理体制和地域文化上的差异，但在两地关系中最终起到决定作用的，却是朝廷带有倾向性的政策，以及因此导致的山东、辽东两地政府的举措。生活在嘉靖、万历年间的王樵对于明代辽东的行政归属问题，有着这样的看法：

> 中国疆界，固有非至海畔而止者。如珠崖在大海中，自为一隅，而属于岭南。然虽越海，而土俗相接，又他无可附。若辽东，则固中国之东壤耳，岂有不属接壤之冀，而遥属隔海之青乎？[1]

在王樵看来，按照中国传统的行政区划标准评判，辽东与土壤相连的华北平原关系更近，而不应隶属于隔着渤海海峡的山东半岛。

---

[1]　王樵：《尚书日记》卷5，《文渊阁四库全书》，台湾商务印书馆，1983。

从当时的历史背景来看，这种越海管辖的设置确实具有独特性，它在明初国家海洋事业发达的条件下产生，又随着明代中后期国家海洋事业的全面衰退而弱化。在中国自秦、汉以来的行政区划中，这是唯一一次以"辽东隶于山东"的设置，明初的举措为两地后来的发展打下了良好基础，无论是经济上的紧密联系、移民社会与文化的建立还是国家的定位与宣传，都使两地结合成了密切的整体，在互助互利中共同发展。但在后来的历史时期中，朝廷为了预防倭寇可能对京师造成的威胁，实行海禁政策，限制了渤海海峡中的交流往来，使两地的关系逐渐趋于松弛，直至形成彻底隔绝的形势，甚至爆发地域冲突，完全背离了将两地划归同一行政区的初衷。

从这一事例中可以看出，建立起行政制度上的联系仅仅是实现地域认同的第一步，只有在此基础上进行更密切的经贸往来和文化互通，并促使当地政府与居民实现对新政区的认可，才有可能消除隔阂，走向真正的地域融合与认同。在历史发展过程中，每一种政策和具体处理方式的不同都可能导致事件结果的截然差异。尽管历史不存在假设的可能，也无从确定当时的两地关系在不同的政策下，究竟会有何种走向的发展，但后来的研究者们却可以通过对此类事件的研究，积累各种成败得失的经验，以丰富人们对地域文化差异的认识，并尽量有效地预见此类事件中所能发生的各种可能性。总而言之，尊重各种地域文化和群体心理的差异，因时因地制宜解决各种实际问题，才是在这些历史经验教训中，所能得出的最终结论。

从军牧业的调整看明代辽东管理体制的变化

辽东是明代边疆重要地区，其行政管理方式历来多受研究者关注，如顾诚《明帝国的疆土管理体制》①和周振鹤《体国经野之道：新角度下的中国行政区划沿革史》②等论著都对其进行了概述，称辽东地方管理体制为一种"军管型政区"模式。张士尊《明代辽东边疆研究》③、丛佩远《试论明代东北地区管辖体制的几个特点》④等论著也从史籍所载制度入手，在细节上对当时各种职官设置与部门职能进行分析，为研究明代辽东各种制度提供了许多借鉴。本文将从地理形势与有效管理角度出发，以辽东苑马寺卿由

---

① 顾诚：《明帝国的疆土管理体制》，《历史研究》1989 年第 3 期，第 135～150 页。
② 周振鹤：《体国经野之道：新角度下的中国行政区划沿革史》，中华书局（香港）有限公司，1990。
③ 张士尊：《明代辽东边疆研究》，吉林人民出版社，2002。
④ 丛佩远：《试论明代东北地区管辖体制的几个特点》，《北方文物》1991 年第 4 期，第 110～119 页。

马政官员转为地方行政官员的事件为线索,力求复原当时的历史情境,探寻诸多决策的具体原因,从而对明代辽东的行政管理变迁过程进行另一种视角下的分析。

辽东苑马寺卿兼职兵备官的事件经过与背景

苑马寺是明朝初年在边疆地区设立的军牧业管理机构,共有北直隶、辽东、平凉、甘肃四寺,其中辽东苑马寺于永乐四年(1406)设于辽阳城,其长官是从三品的苑马寺正卿。按照规定,苑马寺听从兵部管理,下辖若干监、苑,实行军马集中蓄养制度,由专职人员放牧军马。可以看出,苑马寺官员原则上只负责管理马政,与地方事务全无关系。然而在嘉靖年间,辽东苑马寺卿却被调整职务,兼任管辖附近金州、复州、盖州三卫军民的兵备官。这实为一种非常值得注意的现象。

兵备官是明代地方按察司下属道员,其职责是统领若干卫所,负责当地战守事务。由于明代辽东的 25 个卫全是实土卫,本质上是兵民合一的地方行政机构,所以当地的兵备官同时管理军事和民事,是实际意义上的地方官。划给辽东苑马寺卿管辖的金州、复州、盖州三个卫位于辽东半岛南部,包括今天辽宁省的大连、瓦房店、盖州等地,是明代辽东农业最发达、人口最密集的区域。原本只负责蓄养军马的官员,竟然开始兼任辽东最富庶地区的地方长官,管理当地各种军政事务。这样意义重大的、看起来跨度极大的职务调整,其背后隐藏的原因是什么?

从表面看来，直接促成这次调整的，是一起损失惨重的边患事件：

> 先是，（嘉靖）四十一年十二月，虏拥众犯辽东海、金等处，大掠七百余里，杀掳几二万人。[1]

由于海州卫和金州卫辖境受到严重侵扰，嘉靖四十二年（1563）五月，巡按御史杨栢上疏，要求将包括蓟辽总督杨选在内的众多官员治罪。明代的蓟辽总督需同时管辖蓟镇、辽东两处军事重镇，驻地在密云（今北京密云），由于驻地距离事发地过于遥远，杨选最终并未受到处罚，而包括辽东总兵在内的另一些官员则被革职处理。为避免再次出现类似事件，杨选在七天后就提出了让辽东苑马寺卿加按察司官衔，管理金州、复州、盖州三卫地方的建议，理由如下：

> 辽东苑马寺卿政事甚简，而（金、）复、盖三卫南濒大海，为丑虏垂涎之地。宜令苑马寺卿量兼金事衔，带领兵备事。官不加设，而事可兼济甚便。[2]

这项建议很快获得批准。由于明代辽东的司法监察事务在名义上归山东按察司管辖，所以苑马寺卿所加的也是山东按察司金事衔。从当时颁发的《敕苑马寺》文书中可以看出，在身兼兵备职之后，

---

[1] 黄彰健等校勘《明世宗实录》卷521，中研院历史语言研究所，1962，第8531页，嘉靖四十二年五月乙酉。

[2] 《明世宗世录》卷521，第8533页，嘉靖四十二年五月壬辰。

其责任有"往来巡历，纠察奸弊，平时修葺城堡，操练兵马，备御海防；有警督率官兵，收敛人畜，相机战守，保固城池，其所属境内卫所，守备、备御、掌印指挥等官悉听统辖"①，可以调动当地卫所军官，一切战守事务均在其管辖之下。

表面看来，这次跨系统的官职调整事件只是一个特例，仅是在辽南地区发生边患后采取的一项应急措施，然而从记载中可以看出，这并非一次全无先例的孤立事件，因为在此前的嘉靖四十一年（1562）三月，同样专职负责马政的辽东行太仆寺卿也已经开始奉命兼理兵备事，划给其管辖的是辽东军事重地三岔河西北方的镇武、西平、西宁、西兴、盘山五处驿堡②。三岔河是辽河下游入海前的河段，其北的辽河套地区水草茂盛，是边外游牧部落的栖息地。每当冬季严寒、河流冰封时，边外的游牧部落就会沿辽河涉冰南下，侵扰三岔河周边地区。在辽东行太仆寺少卿成为兵备官之前，该地区已经连续三年冬天遭受侵袭，损失惨重。

嘉靖三十八年（1559）十一月，位于三岔河口附近的海州卫西平堡等处遭遇袭击，多名军官战死③。

嘉靖三十九年（1560）十二月，又有"虏自辽东海州东胜堡入，南趋耀州堡，转掠海、盖、熊岳等堡，杀掳男妇六千余人……焚劫大量庐舍畜产"④。

---

① 《全辽志》卷5《敕苑马寺》，第642页。
② 《明穆宗实录》卷9，第252页，隆庆元年六月戊戌。
③ 《明世宗实录》卷478，第8001～8002页，嘉靖三十八年十一月丙申。
④ 《明世宗实录》卷495，第8213页，嘉靖四十三年四月丁未。

嘉靖四十年（1561）十二月，再次出现"虏犯辽东，攻陷盖州熊岳驿，杀指挥杨世武等"①的严重事件。事后辽东总兵官云冒被革职，辽东巡抚吉澄也被罚夺俸两个月。

于是三个月后，在吉澄的建议下，辽东行太仆寺迁往三岔河西北方的西平堡，寺卿兼领兵备事，对附近"虏所盘踞"②的地区进行重点防御。这次官职调整的背景和方式，与此后辽东苑马寺卿带理兵备事的经过如出一辙。就这样，在相隔仅一年多的时间里，两名辽东马政机构的最高负责人先后被纳入兵备道系统，成为管理当地战守事务的军政官员。

而当时辽东增设兵备官的事件还不只此。在行太仆寺少卿成为兵备官两个月后，辽东还在宁远前屯一带增设了一名兵备道臣，主管辽西走廊地区的战守事务。这是因为嘉靖四十一年（1562）四月，土蛮部"大举寇辽东"③，袭击位于辽西走廊西段的宁远前屯卫辖境。于是当年五月，根据督视辽东军情官、兵部左侍郎葛缙的建议，在辽西走廊地区添设兵备官，管辖从山海关至宁远卫塔山所之间的各处城堡驿所。《敕宁远兵备道》文书中规定其职责为"整饬宁前地方兵备，春夏驻扎宁远，秋冬驻扎前屯，无事则修整边隘，补练兵马，纠察奸弊。有警则率督兵将，收敛人畜，相机战守……其备御、掌印指挥等官，悉听尔统摄"④，与给辽东苑马寺卿的命令内容

---

① 《明世宗实录》卷504，第8321~8322页，嘉靖四十年十二月丙寅。
② 《明世宗实录》卷507，第8362~8363页，嘉靖四十一年三月丙申。
③ 《明世宗实录》卷508，第8371~8372页，嘉靖四十一年四月庚申。
④ 《全辽志》卷5《敕宁远兵备道》，第642页。

基本一致。

在嘉靖四十五年（1566）刊行的《全辽志》中，还收有《敕分巡道》和《敕分守道》两篇敕文，分别颁给驻在辽西重镇广宁城的辽海东宁分巡道臣，以及驻在辽东行政首府辽阳城的辽海东宁分守道臣。其中命令分巡道臣"带管广宁、锦义、河西等处兵备，春夏驻扎锦州，秋冬驻扎义州。无事则修整边隘，补练兵备，纠察奸弊，有警则督率兵将，收敛人畜，相机战守……其守备、备御、掌印指挥等官，悉听统摄"①，负责辽河以西、广宁城周边地区的战守事务。而分守道臣则是"带管海州、辽阳、沈阳、抚顺、瑷阳各城堡边备，平时则操练兵马，清理军伍，修筑墩墙，稽查钱粮，分理词讼，禁革奸弊。有警则坚壁清野，收敛人畜，督率境内卫所官员往来策应"②，负责辽东首府辽阳城周边的边备事务。

按照明代制度，辽海东宁分巡道臣是山东按察司下属，负责辽东全境的司法监察事务，而辽海东宁分守道臣则是山东布政司下属，负责辽东财税民政事务。但是在这两份敕书中，他们也被各自划定了职权范围，分别带管广宁城周边和辽阳城周边的军政事务，按察分司和布政分司也分别成为"按察兵备分司"③和"布政边备分司"④。按照《全辽志·职官》中的记载，这两次职务调整分别发生

---

① 《全辽志》卷5《敕分巡道》，第642页。
② 《全辽志》卷5《敕分守道》，第642页。
③ 《全辽志》卷1《图考·广宁城·按察兵备分司》，第511页。
④ 《全辽志》卷1《图考·辽阳城·布政边备分司》，第501页。

在嘉靖四十一年（1562）和四十二年（1563），与辽东苑马寺卿、行太仆寺卿和宁前兵备道的官职调整几乎同时发生。也就是说在这两年间，辽东地方总共正式设立了五处兵备道和准兵备道，再加上之前设立的开原兵备道，辽东全境都已被分割完毕，各自纳入六处道、寺管辖之下。由此可见，辽东苑马寺卿兼任兵备官一事并非偶然的权宜之计，而是发生在嘉靖四十一至四十二年间（1562～1563），辽东地方密集设立兵备道的时代背景下，所作出的诸多职官调整中的一例。那么当时的辽东究竟为什么要通过新任与兼任的方式，将这些官员都纳入兵备系统？密集设立兵备道的原因是什么，其背后又有怎样的规律可循？

明代辽东地方政区设置的早期缺陷与弥补

在嘉靖四十一年颁给辽海东宁分巡道，令其带管兵备事的敕文中，开篇有这样一句话，可视为此后两年间辽东密集设立兵备道的主要原因：

> 近该督视辽东军情官题称：辽东镇巡等官与所属地方相去隔远，顾理不周，势甚孤危，要将原管该道官员改拟责任，画地综理，以防虏患。[①]

同年五月，在增设宁前兵备道时，提到的理由也是"东起广宁，

---

① 《全辽志》卷5《敕分巡道》，第642页。

西至山海，绵亘五百余里，镇巡官隔远……势甚孤危"[1]。如敕文中所说，辽东地方设立兵备道的举措，目的正是要划地分权，对各区域进行军政事务综合管理，才能有效应对频繁的边患。而作为这一系列职务调整的前提，辽东巡抚等官员与辖区之间确实出现了极为严重的"相去隔远，顾理不周"现象。回顾明代辽东边疆经略史，可以看出早在明初的辽东行政区划设置中，就已经存在着重大缺陷。按照明初制度，辽东地方的行政管理方式为两级制，即由设在辽阳的辽东都司为行政中心，直接管理其属下的 25 个实土卫。当时的辽东"东西相距千五百余里，南北相距千七百余里"[2]，全境面积接近今天的辽宁省，每个卫管辖的面积和事务都至少相当于内地一个县的规模。由于内地行政实行的是省—府（州）—县三级制，府一级行政单元分割了辖境，使省一级行政机构不必直接管理县级行政单元，在交通和通信都属落后的时代，这种设置达到了行政层级与管理幅度之间的平衡。而对照辽东都司的情形，可以看出一个都司和 25 个卫之间，显然存在着管理幅度过大、难以实行有效管理的问题。

再从地理形势上看，辽河下游三岔河河段将辽东全境分成东、西两片区域，东部有以金州、复州、海州、盖州南四卫为主体的辽东丘陵区，以开原、铁岭为主体的辽北山地区，以及以辽阳、沈阳为中心的辽沈地区；而三岔河以西也有狭长的辽西走廊地区，以及

---

① 《明世宗实录》卷 509，第 8392 页，嘉靖四十一年五月己酉。

② 章潢：《图书编》卷 44《辽东区划》，影印文渊阁四库全书本，台湾商务印书馆，1983。

以广宁为中心的周边地区。这些小区域形成各自相对独立的小环境，其间山川阻隔，在交通和通信技术尚不发达的时代，都会给直接管理带来诸多不便。当辽东都司初建时，明军势力范围只是集中在北至沈阳、南至旅顺的辽河以东地区，所以以辽阳作为行政中心，还可以对辖境进行有效控制和管理。但洪武二十年（1387）以后，明军势力向北方和西方推进，将北至开原、西至山海关的广大地区都纳入治下，此时再以位置偏东的辽阳为行政中心管辖全境，便为未来的管理埋下了许多隐患。

针对这种情况，理应在辽东都司和25个实土卫之间增设一层行政机构，以缩小管理幅度。然而在永乐至嘉靖的百余年间，辽东地方并没有出现增设中层行政机构的举措，当地行政层级与管理幅度之间的矛盾，也并没有完全显露出来。考察当时的形势，可以看出是由于辽西重镇广宁城的迅速崛起，在客观上缓解了辽东地方管理的压力。当明成祖迁都北京后，辽东地方在国家防御中提升到了"京师左臂"①的重要战略位置，由于辽河以西直至山海关的地区更接近京城，于京师防卫更具重要意义，所以辽西的广宁城迅速发展起来，在辽东防御中占据重要位置，后来增设的辽东总兵官和辽东巡抚，也都驻在广宁城中。从此辽东地方格局发生变化，位于河东的辽阳不再是唯一的行政中心，广宁成了辽东地方的另一重镇，与辽阳同样具有重要的地位。即如《〈全辽志〉凡例》中所说："辽阳

---

① 《全辽志·全辽志叙》，第496页。

按临总会，广宁抚镇驻节。"① 另一方面，由于兀良哈三卫部众南下，占领水草丰富的辽河套地区游牧，致使辽河东、西之间的往来被人为隔断，当时的人们只能凭借临近辽河入海口处的三岔河一线咽喉地带来往。而当此处受到袭击时，辽河两岸便音讯断绝，无法及时交流，如明人所言：

> 辽东地形以三岔河一线之地，分为东西。统理之名虽云一镇，而悬绝之势实为两隔。东西道里相去三百余里，仓卒呼吸，不及应援。②

因为交通、通信上的诸多不便，也为了行政管理的便利和边疆防御的安全，在永乐之后的几十年时间里，辽东地方逐渐形成了辽河东、西分治的局面。当时辽河以西有 11 个卫，辽河以东有 14 个卫，辽阳、广宁两大重镇分居辽河东、西，辽东地方的重要机构和官员也平均分驻两城。在广宁的是辽东巡抚、总兵官和户部管粮郎中，而在辽阳的则是辽东都司、副总兵和监察御史。两套职能完备的管理机构迅速在两座城市中建立起来，使得辽东实际存在着辽阳和广宁两个行政中心，也在客观上起到了划地分权、缩小管理幅度、提高行政效率的作用。

在这一新格局形成过程中，也出现了相应的职权调整，例如辽东 25 个卫的粮仓就以辽河为界，被分别划给了辽阳的按察分司和广

---

① 《全辽志·〈全辽志〉凡例》，第 497 页。
② 《全辽志》卷 5《艺文上·议改副将职衔重事权以便战守疏》，第 665 页。

宁的布政分司管理：

> 辽东地方，以辽河为界，河东定辽左（卫）等十四仓，按察司官主之；河西广宁（卫）等十一仓，布政司官主之，二年一代，行之已久。①

这条记载出现的时间是成化十二年（1476）。可见在此之前，辽东地方就已经根据当地情况，作出了若干职权上的调整。成化十四年（1478），山东按察司又在辽东增设两名佥事，"听巡抚官节制，整饬东、西两路兵备，凡边墙墩堡一切事宜，皆从镇守等官规画"②，成为日后增设兵备官的预演。而在成化二十一年（1485），按察分司和布政分司对调驻地的做法，更是一个典型的事例：

> （我朝）以山东布政司参政、参议一员理粮储，按察司副使、佥事一员理刑狱。往者按察分司在辽阳，布政分司在广宁。道成化乙巳岁，总镇太监韦公朗以广宁有户部郎中，则布政分司可省，而辽阳不可缺人以理粮储。辽阳有巡按监察御史，则按察分司可省，而广宁不可缺人以理刑狱。互相易置，事体为允。以疏闻，诏可之，遂易置焉。③

因当时的广宁已经驻有管粮的户部郎中，与同城的布政分司职

---

① 《明宪宗实录》卷 160，第 2939 页，成化十二年十二月乙未。
② 《明宪宗实录》卷 184，第 3316 页，成化十四年十一月丁亥。
③ 《辽东志》卷 2《建置·广宁按察分司记》，第 373 页。

责相近，而辽阳也驻有巡按御史，与同城的按察分司职责相近，于是就将布政分司和按察分司对调驻地，使广宁和辽阳各有一名负责粮储和词讼监察的官员。于是在嘉靖中期之前的很长一段时间里，辽东地方实际已经形成了河东、河西两个行政区域，各自拥有一套职能相对完备的官员系统。两地官员工作重心均侧重于本区域，例如"分巡住扎广宁，理河西之事居多；分守住扎辽阳，理河东之事居多"①，可以尽量应对本区域的财税、监察和军政事务，当地的行政管理层级与管理幅度也达到了暂时的平衡。

然而，在划分成两部之后，辽河以西依然有 11 个卫，辽河以东则有 14 个卫，管理幅度仍嫌过大。这种管理格局在内忧外患较少的时期尚能维持稳定，但到嘉靖年间，辽东的边防形势发生了重大转变，包括苑马寺卿兼任兵备官员在内的一系列调整举措，就是在这样的历史背景下出现的。

嘉靖年间"画地综理"的过程与成效

对于嘉靖时期辽东的边疆形势，《大明会典》中有这样的记载：

> 辽东孤悬千里，国初废郡县、置卫所，以防虏寇，独于辽阳、开原设自在、安乐二州处降夷。东北则女直、建州、毛怜等卫，西北则朵颜、福余、泰宁三卫。分地授官，通贡互市，寇盗亦少。嘉靖间虏入，大得利去，遂剽掠无时。边人不得耕

---

① 田汝成：《辽纪》，金毓黻主编《辽海丛书》，辽沈书社，1985，第 2580 页上 a。

牧，城堡空虚，兵马雕耗，战守之难，十倍他镇矣。①

边防形势日渐严峻，内外事务渐多，原有的平衡终于被打破。东、西两路官员在管理辽阳、广宁周边以外的地区时，常有道里险远、顾应不周之虞。比如辽河以东地区，"南自金州，北抵开原，千有余里，分守难以周历"②。因此，在偏远地区设立新的行政单元，在原有的辽河东、西分治基础上继续缩小管理幅度，提高管理效率，已经日渐显示出其必要性。《皇明九边考》一书中这样描述辽东的地理和边防形势：

> （辽东）北邻朔漠，而辽海、三万、沈阳、铁岭四卫之统于开原者，足遏其冲；南枕沧溟，而金、复、海、盖、旅顺诸军联属海滨者，足严守望。东西倚鸭绿、长城为固，而广宁、辽阳各屯重兵以镇压之。复以锦、义、宁远前屯五卫西翼广宁，增辽阳山东诸堡，以扼东建。

> 辽之保障，因于地之迂远。今三岔河南北数百里，辽阳旧城在焉。木叶、白云之间，即辽之北京、中京地也。自委以与虏，进据腹心，东西限隔，道路迂远。③

后来辽东设立六处兵备道与准兵备道的区域，正是这段文字中所提到的邻近沙漠的辽北开原地区、滨临大海的辽南地区、广宁、

---

① 《大明会典》卷129《各镇分例·辽东》，《续修四库全书》史部第791册第312页。
② 田汝成：《辽纪》，第2580页。
③ 魏焕：《皇明九边考》卷2《辽东考·保障考》，四库全书存目丛书编纂委员会编《四库全书存目丛书》史部第226册，齐鲁书社，1997，第30页。

辽阳两重镇的周边地区、广宁以西的辽西走廊地区，以及控扼辽河东西的三岔河地区。这次设立兵备道的过程，基本可以分为预演期、密集期和调整期三个阶段。预演期从嘉靖十九年（1540）三月开始，首先在耕田最多、农业最发达、"延袤数百里，冈阜原衍相属"① 的辽东半岛，"添设整饬辽东金、复、海、盖等处兵备山东按察司佥事一员"②。但在嘉靖二十二年（1543）时，由于辽北开原地方"二卫孤悬，三面接虏，边情叵测，人民顽野，弊端易积，诈伪横生，宜设兵备，以惩凤蠹"③，这名按察司佥事又被调往辽北的开原城，成为开原兵备道臣。这样，他就必须同时管辖辽东最北端和最南端的两个地区。两地事务都属繁多，一人之力显然不足，于是在嘉靖三十一年（1552），"辽东守臣以（金、复、盖）三卫民繁事多，开原兵备佥事不便遥制，"④ 命令时任辽东苑马寺卿的张思兼辖金、复、盖州三卫军民，管理"词讼钱粮，禁革奸弊"⑤，才使开原兵备佥事不至有顾此失彼之虞。但此时的张思仅以苑马寺卿之职兼管三卫事务，并没有加山东按察司的宪职。情况类似的还有分巡、分守两道官员，嘉靖三十九年（1560）十一月，巡抚辽东都御史侯汝谅因辽东"边务日棘"⑥，建议以分巡道带管广宁等处兵备，以分守道带管海州等处兵备。但直到嘉靖四十一年（1562）和四十二年（1563）

---

① 《全辽志》卷1《图考·图考志》，第499页。

② 《明世宗实录》卷235，第4812页，嘉靖十九年三月己未。

③ 《全辽志》卷5，《敕开原兵备道》，第642页。

④ 《明世宗实录》卷381，第6746页，嘉靖三十一年正月丙申。

⑤ 《全辽志》卷3《职官·苑马寺卿》，第583页。

⑥ 《明世宗实录》卷478，第7997页，嘉靖三十八年十一月庚寅。

时，才正式颁发敕书。从这些情形来看，这一阶段中的增设兵备道并没有很明确的预先规划，而是因形势随时设立，更像是一种应急性的临时措施。

从嘉靖四十一年（1562）开始，辽东地方开始密集设立兵备道。与前一阶段相比，这一时期的设立呈现出相对正式、规律且富有针对性的特点，在各个小区域内都设置了兵备道，而且对兼职兵备官员加以山东按察司宪职，颁给敕书，使其能够名正言顺地管理当地军政事务。如本文第一部分中所详述，两年之内，辽东行太仆寺少卿、苑马寺卿和分巡道臣、分守道臣都开始正式带领兵备或边备，并增设了宁前兵备道臣。嘉靖四十二年（1563）七月，《明世宗实录》中出现"辽东兵备、守、巡四道，太仆、苑马二寺"[1] 的固定称谓，并令其负责官员久任辽东，标志着辽东兵备道的制度已经固定下来，其发展也进入了一个稳定阶段。

在这一阶段之后，辽东的各道建设进入了一个稳固和调整的时期，有些道的辖境被调整，使其更加便于管理。以辽东行太仆寺为例，其辖境原本只有三岔河以西的镇武、西平、西宁、西兴、盘山五座驿堡，却没有卫一级机构，这就给调动卫所官员造成了困难，"事权颇轻，职务不称"[2]，"事势必龃龉不行"[3]。因此在五年之后的隆庆元年（1567）六月，太仆寺辖境进行调整，只保留原有的西平、西宁、西兴三堡，而将镇武、盘山二堡划出，交给河西的分巡道管

---

① 《明世宗实录》卷 523，第 8547 页，嘉靖四十二年七月癸未。

② 《四镇三关志》卷 7《参议张邦土经略边备议》，第 422 页。

③ 《明穆宗实录》卷 9，第 252 页，隆庆元年六月戊戌。

辖。此外，再将位于三岔河以东、河东分守道所辖的海州卫和东昌、东胜二堡划给行太仆寺，这样行太仆寺的下属就有了卫一级机构。在改变辖区的同时，还根据季节的不同，对其驻地作出了相应的安排，令行太仆寺官员"岁以冰合时，驻海州防大虏。余月则移驻西平，以备零寇"①。

当开原兵备道初始设立时，只管理开原城中的辽海、三万二卫。但当首任兵备道臣黄云在任时，已经开始管理铁岭、汎河等处事务，可知这两地也已被纳入治下②。这样，辽东25个卫已经被分割完毕，现参考作于万历二年至四年（1574～1576）的《四镇三关志》③，列举当时各道、寺官员职衔、驻地及所监督辖境如下。

辽海东宁道边备参议一员，驻辽阳，监督辽阳周边定辽中、左、右、前、后卫、东宁卫、沈阳中卫。共七卫。

辽海东宁道兵备佥事一员，春夏驻锦州，秋冬驻义州，监督广宁周边广宁卫、广宁中、左、右卫、义州卫、广宁中、左、右、后屯卫。共九卫。

宁前道兵备佥事一员，春夏驻宁远，秋冬驻广宁前屯，监督辽西走廊沿线的宁远卫和广宁前屯卫。共二卫。

开原道兵备佥事一员，驻开原，监督辽北的三万卫、辽海卫、铁岭卫。共三卫。

行太仆寺少卿兼兵备佥事一员，冰合时驻海州，余月驻西平堡，

---

① 《明穆宗实录》卷9，第252页，隆庆元年六月戊戌。
② 《全辽志》卷4《宦业·黄云》，第614页。
③ 《四镇三关志》卷6《辽镇经略》，第211页。

监督三岔河周边的海州卫等处地方。属下一卫。

苑马寺卿兼兵备佥事一员，驻盖州①，监督辽东半岛的金州卫、复州卫、盖州卫。共三卫。

此后，辽东各道、寺驻地与辖境又有若干调整。万历八年（1580），辽东行太仆寺少卿及本寺主簿被裁革②，在万历十五年（1587）成书的《大明会典》中，原属行太仆寺的海州卫和东昌、东胜二堡都已经被划归苑马寺治下，使得辽东半岛的南四卫地区都成为苑马寺辖境：

> 苑马寺卿兼金、复、海、盖兵备一员，照旧管理马政。夏秋驻盖州，冬春驻海州，整饬四卫并东昌、东胜、耀州、连邦谷等堡。③

在辖境划分完毕后，各道、寺官员不仅要监管本辖区内的战守事务，还要处理各种财税、司法、教育、职官事务。以苑马寺卿为例，在现存的明代辽东档案中可以看到诸如《辽东苑马寺为议处家丁钱粮，以杜攀报、以安地方事的宪牌及各卫上报的呈文》④、《辽东苑马寺为更换守堡官员事的呈文》⑤、《金复海盖兵备道关于将一

---

① 《全辽志》卷1《图考·盖州卫城·苑马寺》，第505页。

② 《明神宗实录》卷104，第2082页，万历八年九月甲申。

③ 《大明会典》卷128《镇戍三·督抚兵备》，《续修四库全书》史部第791册，第298页。

④ 辽宁省档案馆、辽宁社会科学院历史研究所编《明代辽东档案汇编》，辽沈书社，1985，第115页，军政类档案19，《辽东苑马寺为议处家丁钱粮，以杜攀报、以安地方事的宪牌及各卫上报的呈文》。

⑤ 《明代辽东档案汇编》第323页，职官类档案93，《辽东苑马寺为更换守堡官员事的呈文》。

切契税加一倍或半倍征收事的宪牌》①、《辽东苑马寺为复州卫生员余良心因丁父忧，赴考误期，请收学肄业事给巡按山东监察御史的呈文》② 等。当辽东饥荒时，苑马寺卿还要"住扎金州，给放各岛商船，不得抽税"③，保证救荒运粮船只能够顺利到达辽东。

而关于其他各道的相关事务，也可以看到诸如《分守辽海东宁道山东布政使栗在庭对求索人财与辱骂尊长等罪犯的审判书》④、《整饬宁前兵备山东按察司佥事杨时誉遵巡按周批处理杀人奸淫案书册》⑤、《分守辽海东宁道为定辽前卫刘应召承替父职事的呈文》⑥ 等档案。在万历十二年（1584）的一份档案中，还可看到诸如"分守、苑马、开原三道""案行各道寺""移文各道寺""牌行本寺""牌行本道"⑦ 一类用语，可见包括苑马寺卿在内的各道、寺官员，已经在明后期处理辽东地方军民事务中起到了重要作用，而道、寺也作为行政单元的固定称谓，在辽东政务中被广泛使用。

---

① 《明代辽东档案汇编》第 604 页，财税类档案 146，《金复海盖兵备道关于将一切契税加一倍或半倍征收事的宪牌》。
② 《明代辽东档案汇编》第 1067 页，教育类档案 313，《辽东苑马寺为复州卫生员余良心因丁父忧，赴考误期，请收学肄业事给巡按山东监察御史的呈文》。
③ 方孔炤：《全边略记》卷 10，第 357 页。
④ 《明代辽东档案汇编》，第 975 页，司法类档案 280，《分守辽海东宁道山东布政使栗在庭对求索人财与辱骂尊长等罪犯的审判书》。
⑤ 《明代辽东档案汇编》第 991 页，司法类档案 288，《整饬宁前兵备山东按察司佥事杨时誉遵巡按周批处理杀人奸淫案书册》。
⑥ 《明代辽东档案汇编》第 320 页，职官类档案 91，《分守辽海东宁道为定辽前卫刘应召承替父职事的呈文》。
⑦ 《明代辽东档案汇编》第 115~120 页，军政类档案 19，《辽东苑马寺为议处家丁钱粮，以杜攀报、以安地方事的宪牌及各卫上报的呈文》。

从行政层级与管理幅度平衡的角度来看，将辽东地方划分成若干小行政单元，无疑是极有利于当地管理的举措。同时，从职官设置的角度来看，设立这一级道、寺机构，也是完善辽东督抚制度、实现以文臣督理边疆军务的一个重要步骤。明代辽东实行军事化管理的卫所制，在立国之初确实收到了良好效果，屯田颇见成效，边疆防御也较稳固，如《全辽志》中所言：

> 辽东之军以十计之，大抵八分操备，而以其二供屯种、盐铁之务。在昔盛时，武士奋击称雄长于各镇者，凡以户有余丁，丁有余力。故军储之粟可支半年，武库之器积至朽蠹。①

但随着时间的推移，生齿日繁，事务渐增，卫所、屯田制度逐渐衰退，各级军官缺乏处理地方政务的能力，"军管型"模式日渐显露弊端，甚至成为阻碍和破坏当地发展的重要因素。"辽东极边，军士艰苦，其都司卫所军职多务奸贪剥削，军士受害，不胜疲弊。甚至不顾名爵，偷盗赌博，无所不为。虽被告发，止是罚赎。又见前此为事充军者，遇赦俱得复职，以此稔恶不悛。"② 早在宣德年间，辽东军士已是"在戍者少，亡匿者多，皆因军官贪虐所致"③，到嘉靖时，更是"死徙将半，屯种荒芜不耕，盐铁逋负屡岁，而操军皇皇焉，日谋朝夕之不暇矣。且尺籍虽存，乃按而数之不足十之六七"④。

---

① 《全辽志》卷 2《兵政·兵政志》，第 568 页。

② 《明宪宗实录》卷 20，第 405 页，成化元年八月丁酉。

③ 《明宣宗实录》卷 107，第 2401 页，宣德八年十二月庚午。

④ 《全辽志》卷 2《兵政·兵政志》，第 568 页。

然而，在国初即已形成的军管模式下，这些弊端并不容易改变。世袭出身的基层卫所官员多在当地形成根深蒂固的势力，"辽东例以本卫指挥管理本卫军民事，人多亲故，动辄阻挠，"① 难以进行有效整治。为弥补管理上的漏洞和体制中的缺陷，明廷一直有意在辽东的"军管型"模式中加入"文管"的因素，逐渐使总督、巡抚等文官成为辽东地方最高军政长官，而新增设的道、寺这一级官员，也正是督抚制度的重要补充。从这些官员的背景和敕书中可以看出，他们都是进士出身，加山东布、按二司官衔，可以管辖属于卫所系统的掌印指挥，以及属于总兵官系统的守备、备御等军职官员，从而在上层的督抚和下层的卫所之间建立起有效联系，形成了辽东地方军事管理与文官监督相结合的管理方式。

设立兵备官员之后，确实对监管军官、整顿边防起到了很大作用。以首任开原兵备道臣黄云为例：

> 开原旧无兵备，改设自云始。云持身严，一毫不苟取。时开原边务久弛，守将尤多贪纵，云缉其用事者，绳之以法，不少贷，贪风顿息。云又以虏贼驰突，由边墙倾圮、堡少兵寡也，乃建议抚按，题请筑边墙二百余里，又于开原添设永宁堡，铁岭添设镇西、彭家湾二堡，汎河添设白家冲堡，各募军五百名，为战守计。边防完固，虏不敢犯者垂十年。②

---

① 《明世宗实录》卷 172，第 3737 页，嘉靖十四年二月乙巳。
② 《全辽志》卷 4《宦业·黄云》，第 614 页。

虽然如此，但兵备道的督理作用毕竟有限，许多基层卫所的弊病仍然无法彻除，如管理混乱、屯田废弛、武备不修、军士大量逃亡等现象，在明代后期依然存在。为此也曾有官员提出方案，希望能将辽东的卫所制改为府县制，从而建立起彻底的"文管"模式。如万历年间辽东边防形势越发严峻，沈德符就建议"亟将辽地改为郡县，使文吏得展其才，专其责，且使武弁亦严，刀笔吏不敢恣横如旧时"①，未能获准。从当时情形来看，明末辽东积弊已深，基层也缺乏"文管"的基础和相应的官员配置，如果猝然改卫所为府县，触动世袭卫所军官等各方利益，不但无法收到预想的效果，很可能还会造成地方的不稳定甚至混乱。这对于边防形势严峻的辽东地区而言，并不切合实际。因此，直至明朝灭亡，辽东也未能从"军管型政区"完全转变成"文管型政区"，而是一直处于一种上、中层"文管"与下层"军管"相混合的状态中。

明中后期马政官员向地方官员的转型

由以上的分析可知，辽东苑马寺卿兼理兵备事，是出于地方管理上的考虑。然而作为专理马政的官员，辽东苑马寺卿是否有能力管理辽南地区的各种军政事务？

谢忠志《明代兵备道制度：以文驭武的国策与文人知兵的实练》

---

① 沈德符：《万历野获编》卷17《福将》，第450页。

一书中的研究表明，在明代兵备道官员的选任中，存在着一种"就近铨补官员"①的处理模式。这是因为邻近官员对于当地事务更为了解，如果从别处选调官员，"未必谙晓边事。即谙边事，未必地相咫尺，旦夕可至"②。而辽东苑马寺卿之前的工作范围恰好就在辽南地区，其下属的牧场正分布在三岔河以东，从辽阳升平桥直至盖、复两卫之间的狭长地带。如《全辽志》中所言，"三岔河水草肥美，甲于全镇，苟择其便利，创置监苑"③。"自升平而南，迄于盖、复，监、苑、卫相错如绣。"④ 另一方面，从当时的记载中可以看出，嘉靖年间，辽东马政已经极度衰落。嘉靖二十三年（1544）前后担任辽东苑马寺卿的张鳌，这样描述当时的情形：

> 景泰后，边陲弗宁，马政渐隳，遂用裁省之议。今又百余年，监存者一，苑存者二，籍与制大半埋灭。⑤

明朝初年，辽东苑马寺下辖六监二十四苑，到嘉靖中期时，只剩下了一监二苑。对辽东马政中的诸多问题，时人有这样的记载：

> 会典载，国初辽东马四十万匹，与陕西等处并称蕃庶。营

---

① 谢忠志：《明代兵备道制度：以文驭武的国策与文人知兵的实练》，第50页，宜兰县罗东镇：明史研究小组出版，乐学经销，2002。

② 翁万达：《翁万达集》卷7《乞赐就近铨补兵备官员以裨益边务疏》，上海古籍出版社，1992，第221页。

③ 《全辽志》卷1《图考·图考志》，第499页。

④ 《全辽志》卷5《艺文上·辽东苑马寺兴修记》，第650页。

⑤ 《全辽志》卷5《艺文上·辽东苑马寺兴修记》，第650页。

五（伍）驿传之资，胥此焉给。故特设苑马寺，以经其收养之宜；设行太仆寺，以稽其登耗之数。制无不修，政无不举矣。乃者诸务废弛，而官为虚设，监苑之畜不盈数百。何以待用？驿传姑无论也。今营伍有之，乃督责军人，科敛丁口，终年买补，举族怨嗟。夫朝廷马政付之于官，地方应用取之于民，弊可胜道哉！弊可胜道哉！①

原有监苑被裁革，马匹数量锐减，使得辽东苑马寺卿"政事甚简"②，在原有职位上难有作为，却也因此有足够的时间和精力带管辽南地方兵备事务。其实早在嘉靖二十年（1541）之前，《皇明九边考》一书中就提出，既然马政衰落现象已经"上下相习而穷不能变"，倒不若"少变其法，以原官量兼宪职，苑马驻盖州，兼理东南流聚之民，大（太）仆驻开原，兼领东夷一应机务。凡朝贡互市、攻守籴粟之政，皆责成之而与其便宜。是谓不易局而胜，不变市而理，斯固安危之机也"③。后来的形势发展证明，这种规划与设想在一定程度上得到了实现。

而从《明实录》的记载中可以看出，马政官员的来源与职能也发生了改变。自从弘治中期以后，常有辽东苑马寺卿或行太仆寺卿与地方布、按分司官员调换职务的记载：

---

① 《全辽志》卷2《兵政·马政志》，第575页。
② 《明世宗世录》卷521，第8533页，嘉靖四十二年五月壬辰。
③ 《皇明九边考》卷2《辽东镇·经略考》，《四库全书存目丛书》史部第226册，第41页。

弘治十七年（1504），升辽东苑马寺卿梁泽为浙江布政司右参政①，升云南按察司副使王槐为辽东苑马寺卿②。

正德元年（1506），升四川按察司副使王恩为辽东苑马寺卿③，正德四年（1509），升辽东苑马寺卿王恩为湖广按察使④。

嘉靖五年（1526），升辽东苑马寺卿凌相为四川布政司右布政使⑤，嘉靖六年（1527），以陕西布政司右参议田龙为辽东行太仆寺少卿⑥。

考查这种现象出现之始，是因弘治年间，杨一清在陕西督理马政，深感苑马、太仆二寺无权，其官员职位"为迁人谪宦之地，人人得而轻之"，布、按二司官员甚至耻于与二寺官员同事，不愿与其并列。为改变这种状况，杨一清建议应在布、按二司的参政、副使中选拔推任行太仆寺少卿和苑马寺卿，"使二司之于两寺，视如一体，不至轻侮沮挠，则府、卫以下，官僚素所服属于二司者，自然严惮奉行之不暇矣"⑦。因此，弘治之后的行太仆、苑马二寺官员就与各地布、按二司官员往来调任，这也使得后来苑马寺卿转为兵备官时，程序更为合理。又因这些官员之前曾在各地布政司和按察司任职，拥有更多处理地方钱粮词讼事务的经验，也为日后在辽东的

---

① 《明孝宗实录》卷217，第4088页，弘治十七年十月己卯。

② 《明孝宗实录》卷218，第4093页，弘治十七年十一月丁亥。

③ 《明武宗实录》卷19，第566页，正德元年十一月癸巳。

④ 《明武宗实录》卷55，第1242页，正德四年闰九月庚辰。

⑤ 《明世宗实录》卷65，第1506页，嘉靖五年六月辛巳。

⑥ 《明世宗实录》卷82，第1829页，嘉靖六年十一月乙亥。

⑦ 杨一清：《为遵成命重卿寺官员以修马政事》，《明经世文编》卷114，第1062~1063页。

顺利兼任奠定了基础。

明代辽东的密集增设兵备道，是一种因地制宜的积极措施，其目的是弥补明初辽东地方政区设置中的若干缺陷，努力使当地行政管理层级和管理幅度之间达到平衡。从其行政管理方式由"军管型"向"文管型"的转变中也可以看出，随着形势的改变，与之匹配的管理制度必须做出相应调整，才能有效应对各种新出现的问题。

然而，在辽东苑马寺卿、行太仆寺少卿兼理兵备事的同时，背后隐藏的却是辽东地方马政废弛、卫所制度崩坏等诸多问题。虽然兵备道的设置对地方管理和中下层军官监督起到了一定作用，但众多更根本的问题却未能得到解决。卫所、屯田和马政是明初辽东边疆得以稳定的根本保障，当这些制度日渐崩坏时，辽东地方曾经赖以稳固的根基也在悄然坍塌。从明代辽东管理体制的变迁中可以看出，基层组织的稳定仍是地方行政中的首要问题，否则即使对中上层管理方式进行调整，也无法从根本上解决各种隐患，更无法做到使地方长期稳定。

明代辽东海运与屯田起始时间考证

对于明代辽东边疆的屯田史，学界一般将洪武七年（1374）作为叙述的起点，其依据是《明太祖实录》洪武七年正月的一条记载：

> 户部言：定辽诸卫初设屯种，兵食未遂，诏命水军右卫指挥同知吴迈、广洋卫指挥佥事陈权率舟师出海转运粮储，以备定辽边饷。[①]

定辽卫是明朝在辽东设立的第一个卫，这里所说的"定辽诸卫"即泛指当时辽东的各卫所。根据"定辽诸卫初设屯种"这一信息，杨旸在《明代辽东都司》中认为"辽东都司的屯田是洪武七年开始的"[②]。王毓铨《明代的军屯》一书虽并未确认辽东屯田始于洪武七

---

① 《明太祖实录》卷87，洪武七年正月乙亥，第1546页。
② 杨旸：《明代辽东都司》，中州古籍出版社，1988，第99页。

年，但在叙述时也从这一年开始，称"（洪武）七年，辽东定辽诸卫也已设了屯种"①。

然而，日本学者星斌夫在《明代漕运の研究》一书中认为辽东屯田早在洪武五年即已开始②，比洪武七年的说法还早了两年。他的论据来自《明太祖实录》洪武五年（1372）六月的一条记载，内容如下：

> （洪武五年六月，朱元璋）遣使赍敕至辽东，谕都督佥事仇成曰："兵戍辽阳已有年矣。虽曰农战交修，其航海之运犹连年未已。近者靖海侯吴祯率舟师重载东往，所运甚大。昨晚忽闻纳哈出欲整兵来哨，为指挥叶旺中途阻归。因此而料彼，前数年，凡时值暑天，胡人必不策马南向。今将盛暑，彼有此举，情状见矣。粮运既至，宜严为备御，庶可无虞。"③

由于文中有"农战交修"一语，星斌夫认定此时辽东军士已经开始屯田。然而，细读这条史料，会发现其中的"有年""连年""数年"等描述时间的用词，并不符合该史料所处的时代背景。

首先，"兵戍辽阳已有年矣"一语就无法成立。"有年"在古汉语中本是"多年"之意，但明军进驻辽东是在洪武四年夏天，距此时仅一年时间。当时明军在马云、叶旺率领下从山东半岛北部的登

---

① 王毓铨：《明代的军屯》，中华书局，1965，第28页。
② 星斌夫：《明代漕运の研究》，第一章，第一节（三）"海运と屯田"，日本学术振兴会，1963，第11～13页。
③ 《明太祖实录》卷74，洪武五年六月辛卯，第1360页。

州和莱州渡过渤海海峡，抵达辽东半岛南部。登陆后立足未稳，只能先屯兵金州，即今天的旅顺、大连一带，然后才逐渐向北扩充势力范围。据《高丽史》载，直到洪武五年三月时，辽阳尚"未曾归附朝廷"①，那么洪武五年六月的"兵戍辽阳已有年矣"又从何谈起？

其次，"航海之运犹连年未已，"其中的"连年"在古汉语中也是表示一种连续多年的情形。该事件的背景是明军进驻辽东后，为保障后勤供应，需从海路将山东的棉布和江南太仓的储粮转运至辽东半岛，以供给军需。即《辽东志》中所说的"初大军衣粮之资仰给朝廷，衣赏则令山东州县岁运布钞绵花量给，由直隶太仓海运至（辽东）牛家庄储支，动计数千艘，供费浩繁，冒涉险阻"。这类海运最早只能与明军进驻辽东同时发生，到这条材料中所言的洪武五年六月也只有一年，完全说不上"航海之运犹连年未已"。

最后，文中的"彼前数年，凡时值暑天，胡人必不策马南向"，其"数"字显然是在描述进驻辽东后几年间的一贯情形。"有年""连年""数年"几个词都表明，这不可能是在明军进驻辽东仅仅一年后发生的事件，该条史料的时间一定出现了错位。

那么这条史料中记载的事件应该发生在何时？成书于明弘治年间的《皇明开国功臣录》卷17《叶旺传》中，有一条内容相似的记载，但时间却与《明太祖实录》完全不同：

① 吴晗辑《朝鲜李朝实录中的中国史料》前编卷上《高丽史·恭愍世家》，洪武五年三月庚戌，中华书局，1980，第23页。

（洪武八年十二月，马云、叶旺大败辽北残元势力纳哈出部）后二年，上复敕喻旺曰："兵戍辽海已有年矣。虽日农战交修，其航海之运犹且连年未已。近者靖海侯率舟师广重载扬帆东往，所运甚大。昨晚忽闻纳哈出正欲整兵来哨，已被叶旺中途阻归。因此而料彼，前数年，但凡时值暑天，胡人必不策马南向，今将盛暑，彼有此举，大运既至，当火速差人星夜前去，云以备御，然后上粮，则无忧矣。"①

这条史料与文章开头所引《明太祖实录》中的内容基本一致，但时间却定位在洪武八年底之后的两年，算来应当是洪武十年或十一年的夏天。将两条史料的文本内容作一对比，可发现《明太祖实录》中的记载已经过加工润色，而《皇明开国功臣录》中的史料则保留了更多原始面貌。如《实录》中在"靖海侯"后加入"吴祯"之名，在"叶旺"前补入"指挥"之职，将泛指的"辽海"改为精确的"辽阳"，将详细的"率舟师广重载扬帆东往"改为简洁的"率舟师重载东往"；在"彼有此举"后补入"情状见矣"，使得句意更加完整流畅；将最后一句"当火速差人星夜前去，云以备御，然后上粮，则无忧矣"这样显得较为通俗和口语化的文字删去，改为相对较正式且简短的"宜严为备御，庶可无虞"，这些都应当是将原始材料编入《明太祖实录》时所留下的修改痕迹。

《皇明开国功臣录》作者黄金，今安徽定远人，生于正统十二

---

① 黄金：《皇明开国功臣录》卷17，《明代传记丛刊·名人类》第24册，台湾明文书局，1991，第124页。

（1447）年，曾任吏部郎中，于弘治年间著成此书。定远所在的凤阳府是朱元璋的家乡，而明初的诸多开国功臣，也多出于凤阳府和相邻的庐州府，如本文提及的靖海侯吴祯就是定远人，而叶旺则是庐州六安人。黄金"生于龙飞之乡，及诸公遗泽未斩之际"①，自早年起就立志为开国功臣们立传。他认为"纪大功而不详且实焉，无以取信天下后世，是故大功必录，录必求其有征焉"②。于是凭借居住地的便利条件，开始从诸功臣家乡后人处搜集资料，"昔游学官，每闻乡郡藏开国事绩，辄争先求读之"③。出任吏部郎中后，更从各功臣后裔处和典籍记载中广泛收集史料，"曰制诰敕碑记志铭序赞表传得之于诸籍，若诸世家，曰御书行军事略券文赠言家乘行状得之于其后裔，史论得于学士大夫，传闻得于故老。外是，祀典以稽，国志以参，而土册互以考也"④。据此来看，黄金当有很多机会接触到各种原始史料与记录，这条敕文所依据的时间和文本，应当另有出处。

而《皇明开国功臣录》所引文献的原始性，在现存的朱元璋《御制文集》最早刻本中也可获得证明。朱元璋《御制文集》在明代曾几次增补内容，刻印颁行，因此流传有多种版本。最早的刻本现藏于南京图书馆，共三十卷，洪武十五年（1382）之后的文献均不见收录，据此推断，该刻本成书时间应在洪武十五年之前。该书丙集卷四中全

---

① 《皇明开国功臣录》序，《明代传记丛刊·名人类》第 23 册，第 6 页。
② 《皇明开国功臣录》序，《明代传记丛刊·名人类》第 23 册，第 11 页。
③ 《皇明开国功臣录》跋，《明代传记丛刊·名人类》第 24 册，第 833 页。
④ 《皇明开国功臣录》序，《明代传记丛刊·名人类》第 23 册，第 16～17 页。

系敕文，其中有一篇名为《谕辽东备御敕》，全文如下：

> 兵戍辽海已有年矣。虽曰农战交修，其航海之运犹且连年未
> 已。近者靖海侯率舟师广重载扬帆东往，所运甚大。昨晚忽闻纳
> 哈枢正欲整兵来哨，已被叶旺中途阻归。因此而料，彼前数年，
> 但凡时值暑天，胡人必不策马南向，今将盛暑，彼有此举，大运
> 既至，当火速差人星夜前去，云以备御，然后上粮，则无忧矣。

该段内容与黄金的《皇明开国功臣录》中所录文字基本一致，
唯将"纳哈出"写作"纳哈枢"。"纳哈出"是明代史籍中常见的通
用译法，而"纳哈枢"之译名则偶见于解缙《天潢玉牒》等文献
中，应系明代早期译法。由此可见，明初《御制文集》刻本中保留
了该敕文的最原始面貌，而《皇明开国功臣录》中史料的原始可靠
性也得到了佐证。

那么，如果按《皇明开国功臣录》中所言，将这条史料置于洪
武十年或十一年夏天，文本中出现的诸多人物事件信息，是否会与
时代背景相冲突？

首先来看靖海侯吴祯运粮一事。从明军进驻辽东开始，吴祯
就是江南太仓储粮海运辽东事务的负责人。据其神道碑铭中载，
洪武十一年秋天，吴祯在转运辽东军饷时因病回到京师，并于次
年五月病逝①。由此看来，洪武十年或十一年夏天，正处于吴祯的

---

① 徐纮：《皇明名臣琬琰录》卷5《海国襄毅吴公神道碑铭》，《明代传记丛刊·名人
类》第43册，台湾明文书局，1991，第140～141页。

运粮时期。

其次是叶旺阻敌。叶旺是洪武四年率第一批明军到达辽东的将领，并于当年七月被任命为定辽都卫都指挥使。此后叶旺在辽东经营共十七年，致力巩固明朝在辽东的统治，并曾于洪武八年底击败南下的残元势力纳哈出部。当洪武十年或十一年时，叶旺依然在辽东任职，故敕文中提及纳哈出部再度被叶旺阻击，也完全符合当时的历史背景。

除此之外，诸如"农战交修""凡时值暑天，胡人必不策马南向"一类线索，也不与历史背景冲突。由于屯田不能满足当地驻军需要，辽东海运一直持续到洪武三十年才停止。而当洪武十年或十一年夏天时，明军进驻辽东已有六七年，屯田虽已有了一定成果，但还不能完全满足当地驻军的需要，每年仍然要依靠海运供应部分军饷，正是"兵戍辽海已有年矣，虽曰农战交修，其航海之运犹且连年未已"的状态。军事方面，马云、叶旺率领的明军于两年前刚刚在辽南大败纳哈出部，使得此前曾经连年侵扰辽南的纳哈出部元气大伤，当地形势已经朝着有利于明军的方向转化。在这种情况下，纳哈出很有可能作南下袭击明军粮库、烧毁或夺取粮食的打算，因为在洪武五年底时，他就曾经率部偷袭明军的屯粮地牛家庄，烧毁储粮十余万石，杀死军士五千余人，当时戍守辽阳的都督佥事仇成还因此被降职。

由以上情况来看，该敕文被安排在洪武十年或十一年夏天应当更符合时代背景，而安排在洪武五年六月则不符合文本中的时间用语。《明太祖实录》在成书后因政治原因曾有三次改动，但这条材料并不涉及敏感的政治内容，也不会对相关人物造成什么影响，应当不会在篡改范围之内。以此推测，这条材料出现失误很可能只是一个偶然，而并非编纂人员的有意之为。推测该史料的出错过程，无非在《明实录》的成书与传抄两个过程中出现问题，其中又以在成书期间出现错误的可能性为大。《明实录》系编年体史书，在进行资料整理及文词修饰时，很可能是因偶然失误，使得这条本应被放置在洪武十年或十一年（很可能也是六月）的材料被混入洪武五年六月中，而仇成正是当时总领辽东事务的都督佥事，编纂人员便将该敕文归在仇成名下。

就这条材料的文本内容来看，其中涉及的人物和事件初看起来并没有什么特别的失误，因此具有一定的迷惑性。如"靖海侯率舟师广重载扬帆东往"与"叶旺中途阻归"等均可同时适用于洪武五年和洪武十年或十一年，还有屯田、海运、纳哈出侵扰等一些事情在这几年间仅仅是进行了量的积累，却没有发生质的变化。通观全文，仅有"有年""连年""数年"这些时间用语不符合具体的年代背景，如果不将当时明军在辽东的诸多活动按年代顺序加以分析，又如果没有《皇明开国功臣录》中关于年代的确切记载，恐怕都很难质疑其中的错误，更无法最终确定该史料的正确时间。

各朝《明实录》修成后均秘藏而不示于人，直至嘉靖之后才逐渐外传。黄金在《皇明开国功臣录》中称："尝闻诸臣功能，国史甄录殆备，金匮秘藏，莫得而窥，识者慨焉。"正是因为在黄金生活的年代还无法看到《明太祖实录》，他撰写《皇明开国功臣录》时必须从其他途径广泛收集史料，因此才留下了和《明太祖实录》不同的记载，使今日得以凭借校订。

最后还有一个问题：当洪武五年时，辽东究竟有没有屯田？从朱元璋以往的习惯来看，早在元至正二十三年时他就已经着意倡导军屯，认为"自兵兴以来，民无宁居，连年饥馑，田地荒芜，若兵食尽资于民，则民力重困。故令尔将士屯田，且耕且战"①，那么当明军于洪武四年夏天在辽东登陆后，有可能很快就开始屯田。因为明军首先占领的是辽南地区，这里"延袤数百里，冈阜原衍相属"②，正是辽东最适合进行耕种的区域。洪武七年正月时户部称辽东"初设屯种，兵食未遂"，"初"既可以表示"第一次"，也可以表示"早期阶段"，既可能是说当时刚开始播种屯田，也有可能是在屯田一两年后对既有成果的总结。此外，据《明太祖实录》洪武六年正月载："辽东金、复二州旱，诏免去年夏秋税粮，"③可见洪武五年时辽南地区已有田税。但当时究竟是只有民田还是连军屯也已开发，由于史料有限，暂时还无法确定。

总而言之，洪武五年时辽东未必没有屯田，但《明太祖实录》洪武五年六月中的这条史料却不能作为当时已有屯田的证据。

---

① 《明太祖实录》卷12，癸卯年二月壬申，第148页。
② 《全辽志》卷1《全辽总图》。
③ 《明太祖实录》卷78，洪武六年正月癸丑，第1425页。

"辽海"地貌与明代的辽海卫

　　明代的辽海卫设立于洪武年间，位于辽东最北部的开原城中，是明廷经略辽北、控扼蒙古和女真地区的重要军卫之一。在洪武二十六年（1393）正式迁入开原城之前，辽海卫曾经初设于别处，但史籍中对其初设时间和地点记载极为混乱，在时间上相差十余年之久，地点上也相差五百里之远。直至今日，各种论著中仍意见不一，给研究明初辽东经略史带来了一定困扰。之所以形成这种现象，是因各种权威史料中记载不同所致，比如初设时间，在明清史料中就有以下三种记载。

　　一、洪武十一年之说。这种记载以景泰《寰宇通志》、天顺《明一统志》《辽东志》、嘉靖《全辽志》一脉相承，文本内容也基本一致。如《寰宇通志》中记载：

　　　　（辽海卫）洪武十一年置。初治牛家庄，二十六年徙治于此。①

---

　　①　陈循等：《寰宇通志》卷77，玄览堂丛书续集本，"国立""中央"图书馆，1985，第3页 b。

《明一统志》中记载：

> （辽海卫）洪武十一年置。初治牛家庄，二十六年徙治于此。①

《辽东志》记载：

> （辽海卫）洪武十一年置。初治牛家庄，二十六年徙治开原城，领千户所九。②

《全辽志》记载：

> （辽海卫）洪武十一年置。治牛家庄，二十六年徙治开原城，领千户所九。③

可以看出，这几种记载在文字上非常接近。究其原因，是永乐年间为编修全国地理总志，诏命天下郡县进呈图经志书，虽然当时未及修成，但景泰年间依据这些资料修成《寰宇通志》，明英宗夺位后又重修成《明一统志》，从此成为明代最权威的全国地理总志。而辽东官方在进呈资料的基础上修成《辽东志》初稿，并在《明一统志》颁行后重新修订，"准今《一统志》凡例，重加隐括编次，繁者删之，缺者补之，讹者正之"④。因此，现存《辽东志》以《大明一统志》为准，而辽东官方于嘉靖年间修撰的《全辽志》又直接承

---

① 李贤等：《明一统志》卷25，《文渊阁四库全书》，商务印书馆，1986，第41页。
② 毕恭等：《辽东志》卷1《地理·辽海卫》，第354页。
③ 李辅等：《全辽志》卷1《沿革·辽海卫》，第533页。
④ 毕恭等：《辽东志》卷首《重刊〈辽东志〉书序》，第347页。

袭《辽东志》，其史料来源属同一系统。

二、洪武二十一年之说。这种记载首见于顾祖禹《读史方舆纪要》，后来被嘉庆《大清一统志》等文献沿用：

> （辽海卫）洪武二十一年置。初治牛家庄，二十六年移治于此。①

顾祖禹作《读史方舆纪要》时已是清朝初年，此前并无其他记载可佐证此说。从文本内容来看，《读史方舆纪要》中的辽东部分与《辽东志》系统非常接近，很可能直接来源于后者，唯"洪武十一年"作"洪武二十一年"，应是直接衍字形成。对于造成这种衍字的原因，将于下文中进行分析。

三、洪武二十三年之说。这种记载来源于《明太祖实录》，《明史·地理志》也持此说。

《明太祖实录》中记载：

> （洪武二十三年三月）置辽海卫指挥使司于三万卫北城，调定辽卫指挥张复等领兵守之。②

《明史·地理志》中称：

> （辽海卫）洪武二十三年三月置于牛家庄。二十六年徙三万卫城。③

---

① 顾祖禹：《读史方舆纪要》卷37《辽海卫》，第1743页。
② 《明太祖实录》卷200，洪武二十三年三月，第3005页。
③ 张廷玉等：《明史》卷41《地理二·辽海卫》，第643页。

《辽东志》等志书是研究明代辽东地理的重要史料，《明太祖实录》的权威性也毋庸置疑。因此，这两种记载之间的矛盾，就成为辽海卫初设时间中最难辨析的疑点。究竟该以哪种记载为准？又或是辽海卫曾于洪武十一年初置，后来在洪武二十三年时迁徙？在现存其他明代早期文献中，并没有证据能直接说明辽海卫的初设时间，即使是洪武年间敕修的《大明清类天文分野之书》中，也没有提及与辽海卫有关的任何线索。然而，这种毫不提及的现象，却恰好可以间接说明《辽东志》系列记载的错误。

《大明清类天文分野之书》修成于洪武十七年，这个时间正落在《辽东志》的洪武十一年和《明太祖实录》的洪武二十三年之间。在该书的第 24 卷中，记述了辽东的历代政区沿革和建制兴废，并记录了当时辽东都司卫所的分布情况，即只有设在辽阳的定辽前、后、左、右、中五个卫，以及辽东半岛南部的金州卫、复州卫、海州卫和盖州卫①。此书记载的时间下限是洪武十七年，洪武十四年设立的复州卫也被列入其中，但无论在总目录还是在正文中，都完全没有提及辽海卫的存在或建制裁革情况。这种现象间接证明了《辽东志》系统志书的记载错误：至少到洪武十七年时，辽东地方还从未出现过辽海卫。否则，在这部志书中，应会留下与辽海卫相关的线索。

在《大明清类天文分野之书》成书的年代，许多行政区划尚未设置完成，因此在更完备的全国地理总志出现后，这部志书便被取

---

① 刘基等：《大明清类天文分野之书》卷 24《辽东都指挥使司》，《四库全书存目丛书》，齐鲁书社，1995，第 750~751 页。

代，从此少有人关注。然而也正因于此，此书中得以保留了一些洪武中期政区划分的阶段成果，辽东的情形便是其中一例。此外，20世纪60年代，辽宁省铁岭县出土了一方"辽海卫中千户所百户印"，背刻"洪武二十三年二月、礼部造"字样①。在排除了洪武十一年置卫的可能性之后，这方官印恰好可以作为出土的实物证据，与《明太祖实录》所载的辽海卫设置时间相印证：洪武二十三年二月铸印完成筹备工作，三月正式设置辽海卫。

明确了辽海卫的初设时间后，其初设地点也可予以确定。《明太祖实录》中称辽海卫初设于三万卫北城，也就是当时的开原北城。而《辽东志》等书中称辽海卫初设于牛家庄，这就形成了地理定位上的一个疑点：明代辽东最著名的"牛家庄"在辽南的海州城西，是当时的重要驿站和码头，与辽北的开原相距五百里。在明代文献中，它多被称作"牛庄"，有时也称"牛家庄"。究竟是当时的辽东有一南一北两个牛家庄，还是辽海卫初设于海城牛庄？李文信在《〈盛京疆域考〉批注》中曾加以辨析：

> （开原）北城、牛家庄不知何意。或指辽海卫的初治之城即在今昌图者，其地或名牛家庄，后徙开原城。后世论史者以为由海城牛庄移于开原，实为误解。因辽海一地指东西辽河会合之后的一段专名，该卫自不能设于海州卫境内，亦一铁证。②

---

① 郑明：《沈阳地区新出土的两方铜印》，《考古》1964年第7期，第372～373页。
② 李文信：《〈盛京疆域考〉批注》，《辽海丛书》，辽沈书社，1985，第3720页。

这段批注中并没有作出更多解释。事实上，如果仔细考察明代的"辽海"一词含义，会对当时辽北的地理状况，以及辽海卫设置的背景和原因都有全面的了解。"辽海"在中国历史地理范畴中有几种解释，或为辽河上游沙漠地带，或为辽河流域以东至海地区①。但从《辽东志》等书中可以看出，在明代的辽东，这一地理名词专指辽北艾河与土河交会的水域。如《辽东志》记载：

> （艾河）源出那丹府，西流至黑嘴，与土河会，别名辽海。②

《读史方舆纪要》：

> （土、艾）二河合流谓之辽海，经（三万）卫西八十里，又西南流入铁岭、沈阳境，即辽河之上源也。③

明代的三万卫设在开原城中，土河即西辽河，艾河即东辽河，两河相会处河水交汇，泛滥无际，故称"辽海"。这种称谓并不见于早期典籍，推测其很可能形成于元代，因蒙古语中将内陆湖泊称为"海子"，元大都之"什刹海""南海子"等称谓即属此类。明代辽北的开原、铁岭与这片水域相邻，如万历《开原图说》中记载辽河诸水交汇泛流的情形：

> 辽河入境处，西亮子河、东马鬃河及扣、清二河皆由此以

---

① 《中国历史大辞典·历史地理卷》，上海辞书出版社，1996，第271页。
② 毕恭等：《辽东志》卷1《地理·艾河》，第360页。
③ 顾祖禹：《读史方舆纪要》卷37《艾河》，第1744页。

归辽河，盖众水所汇，每夏秋间，四望弥漫无际，耕牧安堵，天险足恃矣。①

除辽海卫外，明代辽北地方与"辽海"相关的地名还有铁岭附近的辽海桥②、辽海南岸墩③等。从《辽东志》和《全辽志》中可以看出，当明人描述这片水域和相关地名时，"辽海"与"辽河"的名称往往通用。一书中作"辽海"，另一书中则作"辽河"，如《全辽志》中铁岭附近的辽海南岸墩，在《辽东志》中即作"辽河南岸"④。《辽东志》中辽北汇入辽河诸水，在《全辽志》中均作汇入"辽海"⑤。直到清末民初时，辽北地区仍有这种地貌存在，《清史稿·地理志》中载："（铁岭）旁多水泊，曰莲花泡、苇子、五角、莲子、乐子诸湖，弥漫十里，土人呼辽海，有辽海屯。"⑥

由这一"辽海"地名群可知，明代设置辽海卫，是因其地处辽海之畔，因而得名。《明太祖实录》称辽海卫初设地为开原北城，《明史·地理志》中称：

又（开原）北有北城，即牛家庄也，洪武二十三年三月置辽海卫于此⑦。

---

① 冯瑷：《开原图说》卷上《定远堡》，第18页。
② 《辽东志》卷2《关梁·铁岭卫》，第380页。
③ 《全辽志》卷2《边防·铁岭卫》，第561页。
④ 《辽东志》卷3《兵食·沿边城堡墩台》，第399页。
⑤ 《辽东志》卷1《地理·铁岭卫》下《汎河》、《小清河》、《泥沟河》，第361页，《全辽志》卷1《山川·铁岭卫》之《汎河》、《小清河》、《泥沟河》，第537页。
⑥ 赵尔巽等：《清史稿》卷55《地理二·铁岭》，中华书局，1977，第1928页。
⑦ 张廷玉等：《明史》卷41《地理二·三万卫》，第643页。

《清史稿》中称牛家庄在开原以北的昌图：

> 昌图府……明初置辽海卫于此，地名牛家庄，后属福余卫
> 之科尔沁诸部①。

综合以上情形来看，当时的辽东有一南一北两个牛家庄，居南者在海城，是著名驿站和码头，居北者则在开原以北的昌图，是辽海卫初设地。事实上，"牛家庄"一类地名并不罕见，明清时期便屡见于北方各省，直至今天，昌图境内仍有牛庄窝堡、牛庄等类似地名存在②。

那么，《辽东志》系列记载中的"洪武十一年"之误究竟是怎样形成的？由于年代久远，具体情形已无可考，但现存《寰宇通志》中的排版现象，或能有所启示。在该书第77卷中，开原三万卫条下有"洪武二十一年置"字样，其中"洪武二"留在上一行末尾，而"十一年置"四个小字则居于下一行开端，紧邻"辽海卫"条目，形成"十一年置辽海卫"的大小字相邻现象③。虽然今天已无从想象明人编修辽海卫相关史料时的具体舛误原因，但可以推测，辽海卫初置年代的混乱，应该是在历次整理传抄过程中，出现了串行和衍漏错等现象所致。

最后，《辽东志》等书中记载中的"洪武十一年"，为什么会变

---

① 赵尔巽等：《清史稿》卷55《地理二·昌图府》，第1940页。
② 铁岭市人民政府地方志办公室编《铁岭年鉴·2005》附录《铁岭市行政村调整后统计表·昌图县》，辽宁民族出版社，2005，第616页。
③ 陈循等：《寰宇通志》卷77，第3页b。

《寰宇通志》中的相关记载

成《读史方舆纪要》中的"洪武二十一年"？这应该不是一次无意的衍字现象，而是顾祖禹有意识的改动。从明初的形势来看，辽海卫的设置是洪武时期辽北战略部署中的重要一步，当时明军在辽东的势力由南向北逐步推进，当洪武十七年《大明清类天文分野之书》修撰时，明军的势力还仅限于辽东半岛和辽阳城周边，到洪武二十年，明军击败盘踞辽北的残元势力后，才将有效控制范围北扩至开原一带。顾祖禹《读史方舆纪要》中的辽东部分以《辽东志》系统为底本，他可以看到当时的"辽海"位于辽北地方，同时也可以根据历史背景判断：在洪武二十年之前，明军根本不可能在辽北设置卫所。因此，他认为《辽东志》系统中的"洪武十一年"系"洪武二十一年"之误，并自行加以修改，使其与后来的"洪武二十六年徙治开原城"在时间上形成连贯。

　　综上所述，如《明太祖实录》中记载，辽海卫于洪武二十三年初置于开原城北，已无疑义。《辽东志》《读史方舆纪要》等文献先后在整理刊行和考订过程中出现问题，给后世研究者带来许多困扰。而明代的"辽海"作为一个专有地理名词，涉及辽河水系变迁中的若干现象，也应引起辽东边疆史地研究者的足够重视。辽海卫最初得以设置，正建立在明初长途海运的基础上，如《辽东志》中有官员回顾"洪武、永乐年间，海运边储船只直抵开原，今开原城西有地名老米湾是也"①。这种强大的海运能力正是辽海卫设置的历史背景，充分的粮食供应使明朝得以在辽北顺利经营，辽海卫由此设立。明朝初年的海运事业建立在宋元以来强大的造船航海传统上，并奠定了此后郑和下西洋船队的组织和技术基础，从明朝初年南方海船长途运输，经过东海、黄海、渤海，终抵辽河上游的海运遗事中，已经可以看到此后郑和船队航行在西太平洋和印度洋上的预演。

---

① 《辽东志》卷7《艺文·翰林院修撰龚用卿、户科给事中吴希孟会陈边务疏》，第457页。

图书在版编目（CIP）数据

沧海云帆：明代海洋事业专题研究/陈晓珊著. --
北京：社会科学文献出版社，2019.1
ISBN 978 - 7 - 5201 - 4292 - 2

Ⅰ.①沧…　Ⅱ.①陈…　Ⅲ.①海洋经济 - 研究 - 中国
- 明代　Ⅳ.①P74

中国版本图书馆 CIP 数据核字（2019）第 026867 号

沧海云帆
——明代海洋事业专题研究

著　　者／陈晓珊

出 版 人／谢寿光
项目统筹／张倩郢
责任编辑／张倩郢

出　　版／社会科学文献出版社·人文分社（010）59367215
　　　　　　地址：北京市北三环中路甲 29 号院华龙大厦　邮编：100029
　　　　　　网址：www. ssap. com. cn
发　　行／市场营销中心（010）59367081　59367083
印　　装／三河市东方印刷有限公司

规　　格／开　本：787mm × 1092mm　1/16
　　　　　　印　张：14.5　字　数：161 千字
版　　次／2019 年 1 月第 1 版　2019 年 1 月第 1 次印刷
书　　号／ISBN 978 - 7 - 5201 - 4292 - 2
定　　价／98.00 元

本书如有印装质量问题，请与读者服务中心（010 - 59367028）联系